U0874346

The Divided Self

An Existential Study in Sanity and Madness

R.D.Laing

分裂的自我

[英] R.D. 莱恩 著　　林和生 译

北京联合出版公司
Beijing United Publishing Co.,Ltd.

果麦文化 出品

R. D. Laing
The Divided Self: An Existential Study in Sanity and Madness
Penguin Books, 1990
根据企鹅出版社 1990 年版译出

果麦文化 出品

目 录

第三部分

初版序言

几位作者有志涉猎生存论（existential）[1]心理学和精神病学，开辟原创性的系列研究，本书为该系列首项成果。

本书关切类精神分裂和精神分裂（schizoid and schizophrenic）[2]个体，研究探索临床疯狂现象，理解其发生和发展机制。这一努力是否成功，读者自可判断。我希望不要引入题外之争，尤其要强调的是，本书不想提供一套条分缕析的精神分裂理论，不涉及机构和组织问题，不讨论体质和器质因素，不介绍我的医患关系或我的临床疗法，望读者明鉴。

本书还想借助日常语言，对临床上的疯狂现象，展开生存论哲学的讨论。这也是一项开创性的努力。所以，最初几章出现了

---

1 existential 一词，本书一般译为“生存（的）”或“生存论（的）”；亦另加“惯例法”的考虑，偶尔酌情译为“存在（的）”或“存在论（的）”。——译注

2 schizoid 一词，本书通译为“类精神分裂”，对应的 schizophrenic 一词通译为“精神分裂”。个别特殊情况视前后文酌情处理。——译注

若干术语，会让大多数读者感到陌生。不过，所有这些用语，我先已做出审慎的考量，而且若非必要，绝不会采用。

此外，为避免误解，还须另作声明如下：熟悉生存论和现象学文献的读者不难发现，本书并非简单套用任何已知的生存论哲学，相反，本书的努力，在若干重要方面，歧异于克尔凯郭尔、雅斯贝尔斯[1]、海德格尔、萨特、宾斯万格[2]和蒂利希等人。

无论歧异或一致，本书均不作细节上的讨论，免得偏离主
11 题。总体上我承认，生存论哲学传统是本书主要思想来源。

感谢本书所涉各位患者及其父母，他们欣然同意本书的出版。相关的人名、地名和细节，凡可能暴露当事人的，均已作技术性处理。除此之外，读者尽可信任本书学术上的严肃性。

感谢安格斯·麦克尼文（Angus MacNiven）博士和弗格森·罗杰（T. Ferguson Rodger）教授，他们为本书提供了临床基础方面的各种方便，并给我鼓励。

我于1956年进入塔维斯托克诊所（Tavistock Clinic），任助理医师；在此之前，作为本书基础的临床工作，业已全部完成。其间，萨瑟兰（J. D. Sutherland）博士热情奉献，担当文秘工作，保证了本书初稿得以顺利进行。1957年本书定稿，许多人阅读了书稿，许多人给予鼓励、提出有益的批评，此处无法

---

1 雅斯贝尔斯（Karl Theodor Jaspers，1883—1969），德国神学家、现象学家、生存论哲学家、精神病学家，致力于探讨内在自我的现象学描述、分析，强调个人存在的独特性、自由性。——译注

2 宾斯万格（L. Binswanger，1881—1966），瑞士精神病学家和作家，他将生存现象学原理（尤其海德格尔的理论）应用于心理治疗。——译注

逐一列举。在此特别感谢卡尔·阿本海默（Karl Abenheimer）博士、玛丽安·米尔纳（Marion Milner）夫人、罗杰教授、罗马诺（J. Romano）教授、查尔斯·里克拉夫特（Charles Rycroft）博士、肖斯坦（J. Schorstein）博士、萨瑟兰博士，以及温尼科特（D. W. Winnicott）博士，他们对书稿做出了建设性的“反应”。

R. D. 莱恩

1960 年

鹈鹕版[1]序言

当下之人，无法尽述诸事。二十八岁那年，我着手撰写本书，首先希望表达这样一个思想：我们能够理解那些临床的精神病人，理解的程度，可以大大超乎常规想象的限度。当然，这样的理解，需要归限于当事人的社会关系，尤其家庭内部的权力格局。本书完成了这一任务。然而，今天看来，我当时全力聚焦于思考、描述特定的精神分裂生存状态，殊不知，自己先已掉进本想躲避的陷阱，我想说的是：在本书中，我写他们（Them）太多，写我们（Us）太少。[2]

从根本上说，问题出于我们（Us）。弗洛伊德坚持认为，我

1 “鹈鹕版”是英文 Pelican Edition 的直译。Pelican 是指 Penguin Publishing Company 使用的一个出版标记，说明是对再版书籍做了不断的补充更新所形成的最终版本。——译注

2 撰写这篇序言三年之后，1967 年，莱恩出版《经验的政治》（*The Politics of Experience*），深入讨论了此处提出的问题，该书第四章标题即为“我们与他们”（Us and Them）。——译注

们的文明本身意味着压抑。我们既需要服从文明，也需要满足本能（对于弗洛伊德，明确说是性本能），两者之间存在冲突。面对这一冲突，弗洛伊德一时看不到出路，他渐渐相信，人与人之间朴素的自然之爱已不复可能。

我们的文明压抑“本能”，不仅性欲，也压抑任何形式的超越。置身单向度人群之中，如果谁拥有自身独特的多向度经验，又无法全然否定或忘却，那么毫不奇怪，他将被人群摧毁——除非他背叛自身经验。

当今时代，被我们称为正常、健全、自由的疯狂渗透了我们的社会，在这样的社会关系中，所有的参照系都意义不明，含糊不清。

宁死不与社会抗争，被我们视为正常；承认自己灵魂失丧， 12
却被我们看成疯子。宣称人是机器，可以被我们捧为大科学家；承认自己是机器，却被我们称为“人格解体”（此乃精神病学行话）；骂黑人是劣等种族，竟备受我们尊敬；视自身白皮肤为某种不治之症，却被我们视为不可救药。

在一所精神病院，一位十七岁的少女告诉我：她恐惧至极，因为她体内藏着原子弹。我们据此认为她脱离“现实”，给她贴上“精神病”的标签，将其诊断为危险的妄想症。其实，我们的政治家才患了妄想症，竞相炫耀毁灭性的核武器，彼此恐吓；我们的政治家才是远离“现实”，才是真正的危险！

精神病学可以走向超越，拥有真实的自由，实现真正的成长。某些精神病学家有幸于此。不过，总体而言，借由所谓“非伤害性折磨”，我们的精神病学很容易沦为洗脑术、行为矫正术。在最好的情况下，我们拆除了那些紧身服、打开了铁笼、废除了脑白质切除术，但这些被更轻易的额叶切除术和镇静剂所取代，而正是它们在病人内部建起了栅栏、锁上了牢笼。我如是说，意在强调：我们所谓的“正常”“适应”等，基本上意味着弃绝欢乐、背叛潜能。为适应虚假的现实，我们过于擅长营造虚假的自己！

是啊，本质上，问题出于我们（Us）而非他们（Them）！只是，别为难本书了；过去，一位老成的青年写了这部书；时光流逝，让我徒增年岁，但今天的我，生命更年轻。是为本序。

R. D. 莱恩 于伦敦

1964 年

PART 1 第一部分

我们必须把他当作一个整体、一个活生生的人，以此为前提来爱他、帮助他；最终，他自己也可以面对地平线上的希望。

第一章

人学的生存现象学基础

类精神分裂，这一术语所要描述的个体，其心理经验整体上不幸分裂为二，分裂方式主要见于以下两种：其一，他与周围世界的关系出现了分裂；其二，他与自身的关系出现了分裂。他没有能力把自己与他人“一道”加以经历，也没有能力把自己“置身于”环境中加以经历。相反，他在绝望的孤独中经历自己；并且，他所经历的自己并非一个完整的人，而是以不同方式“分裂了”的人，或者分裂为勉强维持着脆弱联系的心、身两部分，或者干脆分裂为两个或多个自己（self）[1]，等等。

1 原著核心关键词 self，本书一般译为“自己”，特殊情况下译为“自身”（如第四、七章等处的重要术语“自身意识”），个别情况如书名处译为“自我”。弗洛伊德精神分析专有名词 ego，本书通译为“自我”。——译注针对某些类精神分裂个体和精神分裂个体，本书希望做出生存现象学的描述。这种描述与常规的精神病学和精神病理学有何区别？在展开描述之前，有必要对两者作一比较。

人对于自身世界和自己会产生经验。生存现象学的任务，就是理解、把握、描述这一经验。与其说它试图描述某人的特殊经验，不如说它试图在其整个存在的语境（the context of being-in-his-world）中考察其所有的特殊经验。对于精神分裂患者的疯狂行为，如果不理解这些行为的存在主义背景（existential context），那么它们从本质上来说仍是不可理解的。在本书中，我将描述疯狂发生的一种形式，借此说明，类精神分裂的存在状态，可能转变为精神病的存在状态，其过程可以解析、辨认。在此描述中，我用类精神分裂指常态，精神分裂指病态，即精神病状态。需要说明的是，本书如此使用这两个术语，意在现象学和生存论的观照，已经超出常规的临床精神病学范围。

临床精神病学的关注，局限于类精神分裂的某些形式，抑或 19
类精神分裂转变为精神分裂的某些形式。然而，本书以下篇章将研究若干个体所经历的问题，现有的临床精神病学和精神病理学无法把握，其中真实的人性因素和意义，需要生存现象学的方法来揭示。

在本书中，我尽可能直接面向患者，力避精神病学和精神分析周边问题，无论是历史、理论还是实践方面的周边问题。我们需要聚焦于特殊的人类悲剧，这一悲剧从未得到充分清晰、确切的认识。因此，展开有关讨论之前，有必要先作纯粹的描述和说明。尤其是，为避免灾难性的误解，本章必须对本书两大基本任务给予最简明的归纳：一方面，本书针对某些精神病学家，他们熟谙各类“病案”，却未必像本书这样亲历相关“病案”；另一方面，本书也针对另一些精神病学家，他们了解或同情“病案”的当事人，但并不视其为“临床病人”。可以肯定的是，上述两方面，本书都不可能尽如人意。

作为精神病学家，我首先面对一个主要难题：我所掌握的精神病学语言，可能将患者拒于一旁，让我无法直接面对他们。这套语言产生于特定的临床需要，用以孤立和限定患者生活的意义，既然如此，就难以从整体上揭示患者处境中的人本关联和意义。今天，不只是专业人士，人们对于精神病理学和精神分析学语言的不满已经非常普遍，这种现象绝非偶然。大家感到，这套语言难以表达“真正想说”的事情。说非所想，实乃自我欺骗。

20 因此，预先对我们这套语言加以某种考察，将有利于本书的讨论。维特根斯坦说得好：思想即语言。一套专业词汇，无非语言中的语言。考察这套专业词汇，可能帮助我们发现其中包含的现实。

目前，描述精神病患者的专业词汇体系，存在一个极为严重的问题：它所使用的语言，把患者从语词上加以分裂，而且，其分裂的方式，正好同构于本书必须讨论的生存性分裂。事实上，恰当描述生存性分裂，首先需要统一的整体概念；然而，当前的精神病理学和精神分析语言体系，既不包含这样的概念，也无法表述这样的概念。

上述语言体系有两种指向。其一是作为孤立实体的个人，与他人和世界相分离，缺乏与他人和世界的根本“联系”；其二是这个孤立实体的各种假实体化（falsely substantialized aspects）。我们这套语言体系包括这样一些词语：心与身、灵与肉、心理与生理、人格面具、自己、机体等等，均属抽象，用以孤立真实的个体，使之脱离其真实处境，罔顾我与你的根本联系，把真实个体概念化，使之成为所谓“自我”（ego）“超我”（superego）“本我”（id）。与此同时，他人沦为“内部客体”或“外部客体”，抑或两者的混合，概而言之，沦为一部精神机器。如此这般机器对机器，何谈正常的相互反应，遑论我与你的根本联系。更有甚者，我们在两部机器之间建起栅栏，自欺欺人。从人与他人的真实关系中，我们把人（或人的一部分）抽象出来。这一问题，不仅质疑经典的弗洛伊德的元心理学（Freudian metapsychology），也质疑同类型的任何理论。依据切身经验我们知道，我们都置身并经由自己的世界而生存，唯其如此，我们得以成为自己。某个意义上，虽然“那个”世界在我们之外自有其存在，但“我们自己的”世界与我们生死与共，若我们死去，我们的世界亦然消亡。事实上，在其自身世界，个体与他人发生关系，形成一种整体性，只有正确反映这一整体性，才能正确谈论个体自身的根本经验。唯有生存论思想切合这一事实。生存论认为，人的具在（concretum）即人的生存，亦即他的存在（being-in-the-world）。
为正确理解类精神分裂个体或精神分裂个体，我们必须首先如此 21
理解该个体：他置身与他人之关系，而且自始至终处于某个世界

“之中”；必须认识到：若无“他的”世界，人就不存在，而人不存在，他的世界也不存在。若非如此理解，我们的研究就会误入歧途，产生语词或概念的分裂，而这样一种分裂，恰好对应类精神分裂存在（the schizoid being-in-the-world）中的整体性分裂（the split up of the totality）。一旦误入歧途，就难以挽救语词和概念的破碎，无法整合其碎片，正像我们试图治疗的精神分裂患者，难以重新整合其解体的自己及其世界。简言之，心理－生理、心理－身体、心理－生物、心理－病理、心理－社会……这样一套大写或复合的语词，其本身已然破碎，自然无法整合破碎。

综上我们看到，类精神分裂理论试图处理类精神分裂经验，然而，却不幸与后者高度相关。如果这一归纳没有问题，那么，探讨前者的发生过程，很可能真正帮助我们理解类精神分裂经验。下面，我将运用一种现象学方法尝试解决这一问题。

首先，我将用“存在”（being）一词简明指代一个人所是之一切（all that a man is）。以此为前提，人之存在（being）可从不同角度加以审视，不同侧面皆可成为焦点。人可视为具体的人或具体的事物。不同角度意味着不同描述，进而导致不同理论，最后决定不同行动。认识的起点决定认识的过程和结果。然后，让我们来研究一幅“两可图”：

图中事物可视为一只杯子，或两个相对的人脸侧影。然而，事实上，两样事物皆不存在于图形所在纸面，实际存在的只有图形自身。不过，这同一个图形自身，却因观察方式的不同而不同。概而言之，这张“两可图”可以看作两张面孔，图中，从上

两可图

到下，我们依次看到前额、鼻子、上唇、嘴、下颌、脖子。然而，换一种观察方式，勾勒两张面孔侧影的线条，却围成了一只花瓶的轮廓。

设想我与你面对面。我可把你看作一个真实的人，跟我一样。然而，即使你一成不变，我仍可换一个角度，把你视为复杂的生化系统，虽有自身特性，仍属生化现象；此时，你不再是一个人，而是一个生物。用生存现象学的话说，他人乃意向行为的对象，或被看作人，或被视为生物，随意向不同而有别。然而，这种区别并非灵与肉的区别，或者说在上述同一对象中，并不存在两种元素或物质；毋宁说，人或生物的不同，产生于不同经验的格式塔（Gestalts）[1]。

一个人与一个生物的关系（relationship），不同于他与一个人的关系（relation）。正如前面的“两可图”，看作一个花瓶，还是看作两张人脸，意味着不同的描述；同理，把人看作生物或人，也意味着不同的描述，进而引出两种不同的理论，最后导致两种不同的行动。人学研究的对象是人，从人与他人的关系入手，在此过程中，也始终把人视为人，关注他与他人的关系。

例如，听某人讲话，可能出于两种不同的动机：第一，借由神经过程和发音器官的变化，研究语言表达的生理行为；第二，理解讲话内容。无疑，神经过程和发音器官的变化，是语言表达
23 的必要前提，然而，相关研究无助于理解讲话内容。反过来也一样，理解讲话内容，无助于研究讲话人脑细胞的新陈代谢。概而言之，理解讲话内容，并未提供对相关生物过程的解析，反之亦然。此例或类似案例，绝不存在所谓心－身二元问题。对于讲话活动或类似的可观察活动，不同的意向导致不同的行动、不同的结果。我们与他人“相处”，产生一个整体关系，进一步的行动，则取决于我们的视角或意向。我们可以把人看作生物，也可以把人看作人，两种视角分别揭示不同的实在。就方法论而言，两者都可行，但两者实质却不容混淆。

---

1 格式塔（Gestalts），一般译为完形心理学。完形心理学认为，对于吾人，整体不等于部分之和，意识不等于感觉元素的集合，行为不等于反射弧的循环。该流派主张，研究应从整体出发，反过来得以理解整体中包含的相关部分。这一流派强调，格式塔效应普遍有效，可应用于心理学、哲学、美学、科学等广泛领域。——译注

我们可以把人当人看，承认他拥有承诺和选择的能力，是自主的个体（self-acting agent）。我们也可以把人看作生物，其内部一切活动均可被概念化为不同的复杂性层次——原子的、分子的、细胞的、系统的或生物的。只有从人的经验和意图出发，才能理解人的行为。相反，从生物学角度出发，只能看到肌肉的紧张和松弛等行为，属于一系列生物性过程，而非人的连续经验之整体。一旦我们把人看作生物，就只能研究这一生物能量系统的能量表达，而无法谈论其欲望、恐惧、希望、绝望等等，无法理解人对自身世界的意向。

被视为生物体的人，只能是各种事物的复杂组合，或曰物的（its）组合，其基本程序只能是物－程序（it-processes）。人们乐于幻想，试图把人理解为物－程序的序列或系统，归结于该序列或系统的非人化语言，以为这样就能提高认识。对于作为人的他人，我们自有个人经验，然而，有人在理论上铤而走险，罔顾个人经验，试图假以非人化（depersonalization）[1] 的描述，运用机械或生物类比强加“阐释”。此处有必要申明，我并未反对运用机械或生 24
物类比，也未反对视人为复杂机械或动物。我只是力图说明：人作为人，不同于人作为机器，不同于作为物－程序的生物系统。如果人学退化为关于机器或生物的描述，人学就失落了自己。这一逻辑也适用于相反的情况，可参见布里尔利（Brierley，1951）[2]。

1 depersonalization 一词，依据上下文译为“非人化”或“人格解体”。——译注

2 此处表示作者莱恩参考了布里尔利（Brierley）1951 年发表的著述，该著述题目及出处，见书后“参考文献”。以后同类情况不再另作注释。——译注

所谓相反的情况，是这样一种倾向：把物的世界擅加人化（to personalize），把人的意向强加于动物世界。然而，令人不安的是：非人化或物化倾向根深蒂固，物–程序的物理学、生理学和生物学大行其道，压倒了相反的倾向，形势日益严重，致使真正的人学步履艰难。

以下章节，将特别关注这样一些人，他们觉得自己是自动装置、机器人、机械部件甚至动物。对于这样的人，我们当然有理由视为精神病。不过，如前所述，有的精神病理论把人当机器或动物，难道不也是精神病的表现？首要的事情，是把自己和他人当人，这也是自主的前提。立足于此，才有可能面对进一步的问题：经验如何产生？怎样阐释？并对这些问题加以科学或哲学的研究。

就此，麦克马雷（MacMurray，1957，第 37 页）提出了他所说的“生命转向”（biological analogy），他写道：“我们希望看到，随着科学心理学的产生，机体概念将转向个体概念。”个体的人，不应该被我们想成事物或生物，而应该作为人，就其整体性，得出完整的观照和描述。我们将坚持全面这一思想，但这样做的理由，需要付出努力加以说明；所以，在以下的篇章，我将致力于描述一种相当特殊的人格解体和人格分裂，并期待将来有人会发现“一种逻辑形式，对其人格整体做出自洽的理解”（同上，第 37 页）。

不用说，对于人格解体和人格分裂，精神病理学拥有丰富的病案、描述、诊断。然而这没有用，因为，精神病理学必然扭曲人。事实上，精神病理学的意向就是要扭曲人，虽然它可能也会反对自己的意向。专业的精神病理学必须预设“精神”（精神结构或内心结构）。它必须预设客体化，而且还可能附带着物化。精神病理学思考虚幻之“物”或“物系统”，得出物化的结论，强加于人。本来，个体与他人共同生存，一道行动，专业的精神病理学却把他抽象出来，加以概念化、客体化。不仅如此，专业的精神病理学还必须预设：它的概念模型不仅足以模拟健康的机体功能，还能模拟病态的机体功能。不错，这样一些技术性的比照，不乏局部的启发性，让精神病理学不至于完全无效。然而，因为路线方法的取向，精神病理学根本无法理解如此简单的事实：患者未能形成特定的人格整体，所以人格混乱。正所谓夏虫不可语冰。不错，精神病理学本身也需要生存，然而，正是它自己的生存需要，使得上述二元分裂得以延续。如此二元分裂实属不当，大多数精神病理学家都希望避免，却因自身框架的限制而一筹莫展——除非逃向一元论，新瓶装旧酒，错上加错！ 25

不错，应该说，不坚持“客观性”，便没有科学性。人学关乎人之生存，任务重大；若要成为真正的科学，必须尽可能客观。物理学等学科，致力于研究客观事物，可为人学的客观性提供借鉴或帮助。然而，人学绝不应该为了“客观性”而走向“非人化”，把人当作“客观的”研究“客体”。如此“客观性”绝非科学的人学。真正科学的人学必须认识到，“非人化”是一种意向性行为，其分裂与虚假，跟类精神分裂人格并无两样。如此“非人化”或“物化”，打着科学旗号，产生虚假“知识”，与

“人化”事物或生物一样，同属可悲的错误。

不幸的是，目前的精神病理学猛烈抨击“个人的”或“主观的”这样一些用语。他们的抨击明确传达了他们的无意识意向。我们希望把他人当作人来理解，他们则要我们必须坚持“客观的”态度。他们说，“个人的”或“主观的”态度，搅乱对他
26 人的“客观”研究，歪曲对他人的认知。他们崇拜“客观的”或“科学的”，藐视“主观的”或“直觉的”，更弃绝“神秘的”。他们对“客观的”偏爱有加，对“主观的”退避三舍。

迄今为止，最伟大的精神病理学家是弗洛伊德，一位英雄。他深入“潜意识世界”，在那里遭遇了彻底的恐怖；他随身带去一种防御性的理论，就像美杜莎[1]，把这些恐怖变为石头。借此，我们这些追随弗洛伊德的人，得以分享他带回来的知识。弗洛伊德曾从那个恐怖世界中逃生。现在，轮到我们，用自己的方式，而非某种防御性的理论[2]，来证明自己也能幸存。

与患者的关系：把患者当人？当物？

生存现象学所讨论的生存，可以是自己的，也可以是他人的生存。如果他人恰好是患者，则需要帮助患者重建其生存，在自身世界作为自己而存在。然而，在治疗关系中的核心问题，应该

1 美杜莎，希腊神话中的蛇发女妖，谁看见她的目光，就会化为石头。——译注

2 暗指上面所谓“美杜莎式的理论”。——译注

是患者怎样“与我同在”（being-with-me）。

患者向医生诉苦，可能涉及各种难题，有的十分明确（如“我不想从飞机上跳下去”），有的十分含糊（如“我还真是来了！对此我无法解释。我想问题在我吧”），表达形式不同，实质却一样清楚：借由吐露这些难题，患者把他的生存和整个存在引入了治疗过程；患者可能有意，也可能无意，这无关紧要。此外，我们还知道，患者未必清楚表达了自身存在的各个方面，但所有这些方面都彼此关联。在这里，生存现象学的任务，是要探讨他人的“世界”是什么，以及他在自身世界中的存在方式。关于某人的存在，我个人的判断、他自己的想法、其他精神病学家的见解，三者之间，可能根本就不同。例如，在我看来，任何人生命均有限，有始有终，有生有死，也有一个身体，得以生存于 27
此时此地。在我看来，这些表述普遍适用，用不着每次都来证明，实际上也无法证实或证伪。然而，一位患者却认为自己超越了生死，不受此时此地局限；对他而言，此乃“事实”，绝非“想象”；换句话说，他认为他拥有超时空的存在。我很想证明他错了，然而，即使我不当他是患者，我也无法证明。在实践中，关于某人的存在，我们的概念或经验，与他自己的，可能相去甚远，认识到这一点相当重要。这意味着，我们必须学会重新定位，作为一个人进入他人的世界；我们不能把自身世界作为参照系统，让他人成为客体，把我们自身的世界强加于他。要做精神病学家，必须打破自身局限和偏见，致力于上述自我定位。

这就是我们的精神疗法认知，围绕人的存在，区别于其他认知路线，其中一个决定性的区别，有必要特别加以强调：我们认为，人与人之间，既互相独立，又互相联系，两者互为必要条件。只有当不同的存在者（beings）独立又不孤立，他们之间才会有人的联系（personal relatedness）。然而，我们既不孤立，也保持独立，这就形成了悖论：我们与他人既联系又独立，两者均属我们存在中必要的基本层面，而且其中不包含任何特殊的个人成分。这一悖论具有深刻的悲剧性质。

我们的精神疗法，意在重建患者与他人的联系。本质上，每个人都可以重建与他人的联系。例如，紧张症患者可能半天不说一句话，此时，他的生存仿佛不属于他自己；然而，我们与他相处，却未必是在浪费时间。

第二章

从生存现象学理解精神病

流行的精神病学行话富有特色，例如，它把精神病说成一种不适，即适应过程中的社会性失败或生物性失败，归咎于患者脱离现实、缺乏内省等等。然而，正如凡·登·伯格（van den Berg，1955）所说：此类行话，实属“诋毁之词”。至少就十九世纪的语境而言，它们暴露了道德感的缺乏。之所以如此，简要来说，是因逃避自由、选择和责任。不过，此类行话中，也包含了某种做人的标准，患者之所以成为患者，正是因为他们无法达到这种标准。其实我并没有反对这些“诋毁之词”的全部含义。但我认为，关于精神病的判断，若要公正不倚，应有更真诚的态度。一旦我确定某人为精神病，我绝不模棱两可：我看出他头脑不正常，对自己、他人都很危险，所以需要到精神病院就医，获得照顾。然而，与此同时，我内心很清楚：某些人，社会视其精神正常，其实跟疯子无异，一样危险，只是未扭送疯人院而已；相反，在这样的正常人之外，某位所谓妄想症患者，却可能告诉我真理之所在。我这样说，不是取巧，也非隐喻，而是希望认真表达我的态度：一位精神分裂患者可能敞开自己，让光明进入痛苦而破碎的内心；《圣经》中的先知以西结[1]，就是这样一位接受光明的精神分裂患者（雅斯贝尔斯如是诊断）。不幸的是，众多所谓正常人没有这种可能，因为他们关闭了自己的内心。

28 至此，作为医生，我必须坦承我个人的一个难题，它也是本书一个重要背景。在我所亲历交谈的患者身上，除慢性精神分裂的情况，我几乎找不到任何真正的精神病“病征和病症”（signs and symptoms）。最初我归咎于自己不善捕捉各类幻觉、妄想等症状。接下来的思考可以这样来表达：关于精神病，教科书提供了标准的描述，这些描述却不适用于我的个人经验。如果教科书正确，我就错了。然而，有没有可能是教科书错了呢？事实应该是这样：

精神病学的标准教科书，其描述，是在一个行为场（behavioural field）内部展开，医生跟患者一道，都包括在这个行为场中。这意味着，在标准教科书里，某种程度上，患者行为是医生行为的函数，标准患者则是标准医生、标准医院的函数。

1 以西结（约公元前六世纪纪初），古代以色列先知和祭司，《圣经・以西结书》主角及作者。对于犹太教和基督教教义有重大贡献。——译注布洛伊勒[1]关于精神分裂患者的著名描述，就此给出了生动的案例；他说，研究结果发现，患者的心智，对他而言，比他家花园中的鸟儿更费解！

就我们所知，布洛伊勒与患者交往，并不把自己弄得像位职业的医生，而是带着尊重、礼貌、关心和科学的好奇心，努力亲近患者。然而，实事求是地说，在内心，他还是首先把对方视为临床病人；接下来，他观察患者的病征，诊断患者的病情。这样一种临床方法，被视为不证自明、理所当然，众多专家欣然接受。我的思想则与他们格格不入。不错，今天的精神病学流派纷纭，但布洛伊勒仍属主流，而且当然也在非医学界流行。但我自始至终围绕患者说话，怎样说呢？就像人们说话给自己听，不在乎别人。今日之时代，专家们宣称已然获得全新的观点、眼光和态度，但在实践中，他们依旧墨守成规。他们笃信的方法，竟然如此完美、宝贵而又安全，以至反倒令人怀疑：很可能，这完全不是我们所需要的职业精神，而且，某些时候，根本就是误人子 29
弟！我们这项事业自有其严格的诉求：须要透过患者的行为，体恤其思想情感，甚至，若患者陷入焦虑，我们也会血压升高、脉搏加快等等。要命的是，专家们审视“心”有如审视有机体，甚至把人当生物。既然如此，他们当然不会留意自己对患者的感受，这些感受是什么性质，意味着什么，等等，都与专家们不相

1 布洛伊勒（Paul Eugen Bleuler，1857—1939），瑞士著名精神病学家，开创精神分裂研究，首倡“精神分裂”一词，在此领域享有盛名。他认为早期精神分裂并非绝对不可治愈。——译注

干，无关紧要；他们差不多只保持标准职业化的眼光和态度。

事实上，克雷佩林[1]以来，传统的临床精神病学，其职业态度并无本质的变化。这个判断，见证于今天随便一本英国精神病学教科书，例如迈耶–格罗斯（Mayer-Gross）、斯莱特和罗斯（Slater and Roth）等等；比较这些教科书与克雷佩林下面的描述，特别有助于领会我们的判断。

下面就是克雷佩林描述的情节，主角是一位紧张症患者，被带进教室，面对一屋子的医学生。当时，这位患者表现出紧张症的亢奋病征：

> 此处我要介绍的患者，当时，几乎是被强行架进教室里来的；他用脚掌外缘使劲撑住身子，屈腿抵抗；与此同时，他踢掉拖鞋，大声哼唱，并（用英语）喊了两遍："我爹，我亲爹！"患者十八岁，就读于奥伯里尔希勒（Oberrealschule）高年级现代分校，身材高大，体格健壮，但面容苍白，不时浮现红晕，又很快消散。患者坐下来，闭眼拒绝周围环境。即便他张口说话，也始终闭着眼睛；一开始声音低沉，逐渐演变成尖叫，越来越响。问他"你在哪儿"，他说："你也想知道这个？让我告诉你谁正受审讯，谁受了审讯，谁将受审讯。我全知道，也可以告诉你，但我

1 克雷佩林（Kraepelin，1856—1926），德国著名精神病学家，其精神病分类法，在二十世纪初颇具影响。他认为精神分裂属于内源性疾病，病因乃大脑的器质性病变，因而无法治愈。——译注

> 不愿意。”问及他的姓名，他尖声回答：“你的姓名？他闭上什么？他闭上眼睛。他听见什么？他不明白。他什么也不明白。怎样？谁？何时？何地？他想说什么？我叫他看，他却不配合。喂，你，你看呀！那是什么？那是怎样？留意！注意！你们瞧，他不注意。我再问你一遍，那是什么？为什么不回答？你又想乱来？你怎么如此乱来？让我来！我来教你怎样做！别戏耍我。别以为你聪明！你是个乱来的家伙，
> 没见过你这么乱来的家伙。他又要乱来吗？你什么都不懂， 30
> 完全不懂。瞧，他完全不懂。你愿意照我的话做吗？他不，他不愿意。你还想乱来？你还要乱来？瞧他们多留意，他们的确很留意……”患者叫骂不停，直至语不成声。

就此，透过诸多现象，克雷佩林注意到了患者的“不可接近性”：

> 患者明白一切问题，但他并未提供丝毫有用的信息。他的话……只是一串不连贯的句子，完全不可理喻。（1905，第 79—80 页）

没错，这位紧张症患者，其亢奋“病征”一目了然。然而，这些“病征”意味着什么，取决于我们从哪个角度理解患者。感谢克雷佩林生动的记叙、重现，穿过他的书页，越过五十年时光，患者如在眼前。他内心在想什么？他想干什么？事实上，他

正在自导自演一场对话，一方是他模仿的审讯者克雷佩林，另一方是内心在奋力反抗的他自己。

“你也想知道这个？让我告诉你谁正受审讯，谁受了审讯，谁将受审讯。我全知道，也可以告诉你，但我不愿意。”这些话，此刻看来，意思再清楚不过了。不难推测，患者极端怨恨这样一种教学形式，无异于当着全班医学生审讯他。他因此痛苦不堪，却惶然无措。然而，对于克雷佩林，这里面缺乏“有用的信息”，无非进一步的“病征”，如此而已。

接下来，克雷佩林追问患者的姓名，患者突然爆发，语调愤怒而激烈，恰好映射克雷佩林对他的态度：“……你的姓名？他闭上什么？他闭上眼睛。……为什么不回答？你又想乱来？……别戏耍我（他觉得克雷佩林要他当着全班医学生丢丑受辱）……没见过你这么乱来的家伙……”

31 事情的真相是：这位患者的行为，至少有两种截然不同的阐释，恰如前面那幅“两可图”：可以看作一只杯子，也可以看作两张面孔。患者的行为可以看作“病征”，也可理解为他对自身生存的表达。生存现象学的阐释，是对于他人之感觉和行为方式的推测和理解。上面那位患者经历了什么？显然，他感到痛苦和绝望。他通过自己的语言和行动想要达到什么目的？他反抗被审讯。他希望被倾听。

阐释：医患关系的函数

精神病医生力图“科学”或“客观”，面对临床患者，总是希望尽可能自我限制，忠于“客观的”可观察行为。然而，这根本不可能。事实上，无人可以客观、中立地观察“病征”，正如无人会客观、中立地观察微笑，然后将其描述成“肌肉的收缩”（梅洛 – 庞蒂[1]，1953 年）。只要我们与他人共存于某种相互关系，这一相互关系就决定了我们认识该人的一个角度；不同的相互关系决定了不同的认识角度，以此为基础，依据此时“他的”行为，才有可能得出相应的建构与阐释。即使在消极的情况下，患者未能做出互动的反应，让我们觉得他不存在，情况也是如此。这反而凸显了问题核心之所在。

此处，我们面对的困难，类似于破译象形文字（弗洛伊德喜欢探讨两者的相似性），但还要困难一些。阐释、破译象形文字或其他古代文献，其理论早有长足的进展，到十九世纪末，在狄尔泰[2]的手中更趋完善。相比之下，我们的理论——阐释精神病人的“象形”语言和行动——尚待成熟。不过，前者可帮助我们认清自己的现状与使命，为此可比较两者各自的难题，前者可参

1 梅洛 – 庞蒂（Merleau-Ponty，1908—1961），法国著名现象学家、生存论哲学家，二十世纪最重要的思想家之一。——译注

2 狄尔泰（Wilhelm Dilthey，1833—1911），德国著名哲学家、历史学家、心理学家、社会学家，面对自然科学的强势，捍卫人文科学，对于人文科学自身的方法论做出独特贡献，在哲学、历史、文化、文学诸领域影响甚巨。——译注

狄尔泰。[1] 两者的核心任务都是：阐释。

借助于形式结构、语言特征、语法风格等，可对古代文献做出形式化分析。临床精神病学呢，对于患者的言行，也希望做出这样的形式分析。然而，这样一种形式主义，无论对于历史研究还是临床研究都局限明显。因此，我们需要突破形式化分析。我们知道，文献产生于社会－历史诸条件的综合（nexus），借由我们对这一综合的认知，文献的意义可能得以阐明。临床研究与此相似，对于孤立出来的临床“病征”，我们希望突破形式化的静态分析，使之尽可能拓展，覆盖患者的个人生活史，以便理解“病征”在其中的地位和意义。此中已然涉及动态发生学[2]的观照：只要我们同情连理，或者，用一个更强烈的词，只要我们感同身受，那么，古代文献或精神患者的历史信息，其本身，足以
32 帮助我们深刻理解其中所包含的命运。

这正是狄尔泰的关切之所在。狄尔泰“强调古代文献作者和破译者的关系，视为理解文本的条件因子（conditioning factor）；事实上，他已经定义了，所有的阐释都要以理解为基础”（引自布尔特曼）。

> 解释（explain）是纯粹理性的过程（狄尔泰写道），然

1 以下所引狄尔泰的论述，参见布尔特曼（R. Bultmann，1884—1976，德国新教神学家）：《圣经阐释问题》（见《论文集》，1955，第234—261页）。——原注

2 此处的“动态发生学”，也称发生学或系统发生学，视研究对象为相对独立的系统，以此为前提，关注对象的起源和发展，着重聚焦于过程中各相关因素的相互关系和作用机制。——译注

> 而，阐释（comprehension）与解释不同，在阐释中，我们心智所能、所及，无不合一做工；唯有这样的阐释，可以带来理解。我们的起点是对象所属的鲜活整体，包括整体中所有的内在联系；而我们的理解，是用过去自身的方式去阐释过去。

在阐释中，我们尽自身所能，去理解他人，努力的程度，决定我们理解的程度。这意味着，我们需要以他人为取向，朝各种可能性敞开自己。我们希望观察、理解他人的存在，由此决定了我们与他人的同在，并形成他人当下的切身情境。他人感受他的这一情境，也表达相应的行为，我们则需要找到两者之间的联系。以此为前提，我们才有可能理解他存在的各个层面，阐明他存在于自身世界的真切方式。这是一门艺术：借其过往，理解其当下；反之亦然，借其当下，理解其过往。当然，也会有不利的
情况，其时，他人显然不希望与我们产生联系，拒绝我们的同 33
在，例如，让我们觉得他罔顾我们，或虚拟我们如他之所愿或他之所虑。然而，即便这样的情况，我们理解的艺术仍然有效，因我们并未先入为主、主观臆断他人行为。相反的路线如前所述，强加一己之见，视患者言行为“病征”，其结果，正像患者看待我们，不幸如出一辙。同样不幸的是，我们自以为能够“解释”患者的现在，视为他“过去”的机械继续，乃至误人子弟。

事实上，上述先入为主的路线，几乎完全无法理解患者的诉求或愿望。再举上述听人讲话为例。现在，假设我对你讲话，你

或许采取以下三种方式加以理解：第一，从中发现反常之处；第二，想象我脑细胞的新陈代谢，据此理解我的讲话；第三，借助我的生活史和社会–经济背景，揣测我此刻为何如是说。然而，显然，三种方式都无法让你真实了解我的意思。

真正不幸的是：我们可能充分了解躁–郁精神病或精神分裂的遗传、家庭因素；我们也可能辨认类精神分裂个体的“自我（ego）扭曲”、精神分裂患者的自我缺陷；我们也可能知晓各种精神障碍，如思维障碍、记忆障碍、知觉障碍等；事实就是这样，我们可能掌握全套的精神分裂病理学，却无法真正理解任何一名精神分裂患者！如果把患者当成物体，试图“客观地”观察“病征”，这种错误的方式，根本不可能理解患者。除非我们把他当作人，关注、倾听他真实的命运！有如第一章那幅“两可图”，有人看到杯子，有人看到面孔，两种态度的差异，生死攸关。

狄尔泰说得好，古代文献的破译者有权假定：他与原作者阴
34 阳相隔，其间横亘着漫长的历史年代，世界观也相去甚远，但生存情境和经验并无本质差异。双方都生存于同一个世界，这个世界在时空中延续至今。但是这个假定本身不能简单套用于精神病患者，与理解去世了几千年的文献作者相比，理解我们面前的精神病患者可能有更大的困难。幸而，从根本上说，两种情况并无本质区别。沙利文[1]说得好，跟我们一样，精神病患者也是“地

1 沙利文（Harry Stack Sullivan，1892—1949），美国著名精神病学家，其重要贡献见于临床精神病学，尤见于精神分裂的心理治疗。他认为无论精神分裂症患者如何反常，只要保持充分接触，就可能了解他们的内心世界。——译注

地道道的人”。医－患双方，其人格彼此关联，并不对立；相反，双方之间对话、理解均有可能。只是，医生面对患者，就像破译者面对古代文献，他必须从善如流，才能进入陌生甚至倒错的世界，投身各种可能的分析和描述，与此同时，时刻保持独立与清醒。舍此无法理解患者的生存处境。

此处我所谓“理解”，并非单纯的智力活动。要谈理解，就必须谈到爱；然而，如今没有哪个词比“爱”更遭玷污。为了理解患者，需要理解患者如何感受自身和世界，我们必须具备这个能力，它虽非充分，却实属必须。不能理解患者，就难以付出真正的“爱”。《圣经》教导我们爱邻如己[1]，然而，若不知道邻人是谁，爱邻如己就是空谈，相当于爱抽象的人性。谁可以爱上一组“精神分裂病征”呢？谁都晓得，没有人会像患感冒一样得精神分裂。患者并非“得了”精神分裂，他就是精神分裂症患者。我们必须把他当作一个整体、一个活生生的人，以此为前提来爱他、帮助他；最终，他自己也可以面对地平线上的希望。因此，我们的爱与恨，对于患者生死攸关。我们怎样看待患者及其行为，很大程度上，决定了患者怎样看待我们。标准教科书列举了众多精神分裂“病征”，然而，这些标准“病征”，因医院不同而表现不同，看来出于不同医院的不同护理。事实上，有医生观察到很多“病征”，也有医生只观察到很少的“病征”。 35

所以我认为，下面弗里达·弗洛姆－赖希曼（Frieda Fromm-

1 参“摩西十诫”、《圣经·马太福音》19 章 19 节、22 章 39 节等处，按原文，和合本所译“爱人如己”本为“爱邻如己”之意。——译注

Reichmann）所说，虽令人不安，却道出了真相：

> ……今天，精神病医生可视此为当然：建设性的医－患关系，原则上可与患者一同创造。如果做不到，应属医生人格问题，与患者的精神病理无关。（1952，第 91 页）

借此回到克雷佩林的案例，让我们以那位年轻的紧张症患者为例，他对医生的反应和感受，部分依据医生的自居，部分依据他自己对医生是谁的幻觉。设想我们努力引导他，让他明白，他的反应和感受中包含着某种幻觉，是他很可能没有充分意识到的（即处于无意识状态）。然而，这样一种引导若要有效，他的幻觉仍是必要的前提。

设想两个正常人相处的情况，此时，甲对乙的认可程度，大体上相当于乙自我认可的程度，反之亦然。人对自己都有一个认知，并希望大体上得到认可，而不被视为假冒、伪善、虚谎等。[1] 然而，即便双方精神正常，仍会存在各种各样的冲突、误会、偏见等。因为，在自我认可（为己之存在）和他人认可（为他之存在）之间，存在着分裂。反过来说也一样：一方面是我对他的看法，另一方面是他对自己的看法，两者之间也存在着分裂。最后，一方面，人可以想象自己的形象、自己对自己的态度和意向，另一方面，人在实际上认知的自我形象、对自己的态度和意

1 据称，一位患者接受检测，测谎仪问患者是否拿破仑，患者回答“不是”，测谎仪显示患者在说谎。——原注

向，两者之间也存在着分裂；人对他人，亦然。

这就意味着，如果双方精神正常，就会发生相互的认可，其中包含两个基本要素：

> 第一，我根据他的自我认可去认可他。
>
> 第二，他根据我的自我认可来认可我。 36

双方都有自主的身份感（sense of identity）和自我认知。我期望你认可我，期望看到：你对我的看法，与我自己的看法大体上一致。此处需要强调的是，之所以说“大体上”，是因为显然还存在着相当大的差异。

问题就在于：如果双方差异足够严重，且最终无法调和，那么只能认为，两人之间必有一人精神异常。例如，只要发生下列情况之一，我就不难视他为精神病：

> 他说他是拿破仑，而我认为他不是；
>
> 或者，他说我是拿破仑，而我认为我不是；
>
> 或者，他认为我想诱惑他，而我认为，我并未提供任何依据，让他产生这样的想法；
>
> 或者，他认为我怕他谋杀我，而我并不害怕，而且并未提供任何依据，让他产生这样的想法；
>
> 等等。

就此总结如下：精神正常或错乱，取决于两人之间联系或分裂的程度。这两人之中，有一人被公认为精神正常。

也就是说，判断一位患者是精神病，其关键在于，判断和被判断双方之间存在分裂，缺乏协调。

一旦他人与我们的关系产生特殊的破裂，我们就叫他“精神病”。仅仅因为人际关系的破裂，我们就着手对他人进行尿检，从他的脑电图中寻找反常曲线。

那么，精神正常和精神错乱之间的界线（或分裂），其本质是什么，在此有必要略作深入的探讨。

假如某人告诉我们说，他是“一个不真实的人”，假如他既未说谎，又非玩笑，也不是奇思怪想、故弄玄虚，那么，他无疑会被视为妄想症。然而，他的妄想症意味着什么？这是生存论所要回答的问题。在生存论看来，他真不是玩笑，也没有撒谎；相
37 反，他在坦露心声：自己多年来一直假装真实，时至今日，再也无法继续自欺欺人了。

揭露自己和隐瞒自己，两种欲望一直在折磨他，撕裂他的整个生活。仔细想来，这本来也是我们的问题，只是比较而言，我们各自找到了大同小异的解答。事实上，我们一样隐藏着各自的秘密和欲望。回忆童年，我们或许记得，父母最初可以看穿我们的心思，所以我们不敢不诚实；然而，有一天，我们终于撒谎了。我们恐惧不安，在相关问题上孤独无助，无可弥补；不过，与此同时，我们有了自己孤独的领地，除了我们自己，没有人知道这领地的秘密。这是真正的私密，它允许我们建立真正的关

系。但是，有些人未能充分实现这样的状态，他们正是所谓“类精神分裂”个体。他们比我们恐惧暴露，比我们脆弱孤独。同样的道理，精神分裂患者会说，他是玻璃人，透明，易碎，无力承受他人的目光，这目光会穿透他、粉碎他。可以说，所谓“不真实的人”，就是这样感受自己的。

我们将看到，正是这种极度的脆弱，让“不真实的人”不得不自我隐瞒。他因为高兴而哭喊，因为伤心而微笑，因为同意而皱眉，因为不快而赞许。他内心的声音说：“你们看到的都不是我。”问题在于，一方面，只有通过我们实际看到的一切，他才可能是（现实的）人；另一方面，如果他无法表现真实的自己，他就的确不是真实的人，而是全然的符号和虚拟，是纯粹的虚构、不实和想象，是“神秘”人，完全不是“真的”。如果他不再假装，还自己本来面目，他就会像基督，也可能像魔鬼，但不会像人。他的生存与他的身体（body）无关，正因为如此，他是无人（no-body）。

他在活出（lived out）自己“生存状态”的“真理”。他把“生存的”真，活得像是“真实的”真。

无疑，对大多数人而言，所谓“真实的”真，只存在于自然界或语法中。一个人明明是活在我们眼前，却偏要说自己已经死了，这让我们觉得不可思议。然而，“我已经死了”，正是这位活人自己的“真理”。或许，日常的（即公众的）语言规范只允
许他这样表达自己，而他真正的意思是：他“真的”死了，“名 38
副其实地”死了；他并不想说自己只是象征上死了、“某种意义

上”死了、“好像”死了云云！这擅改了我们的公共真理：真的死亡，只能是生理上的死亡。如此冒犯公共真理，他必须付出代价，“成为”疯子！

精神分裂患者身陷绝境，了无希望。没有一位患者告诉我说，他曾经被爱过，像人一样被圣父、圣母或其他人所爱；所以，他要么是上帝，要么是魔鬼，要么是远离上帝的地狱之人。他用极端的语言表达自身存在的经验，说自己是“不真实的人”，郑重其事宣告自己赤裸裸的真理：他已经死了。这，就是所谓精神失常。

我们能做什么？理解他？不幸的是，精神分裂患者自我经验的内核，对我们来说不可理喻，只要我们精神正常而他精神失常，我们就始终感到不可理喻。我们囿于自己所谓的正常世界，用自己的理论体系去接近、揣测、判断、把握，试图理解他。面对我们这一套，他必然不符合标准，所以，他既不希望，也不需要这样的理解。而我们所能做的，只有彻底承认他的独特和差异，承认他的分离、孤独和绝望。

第三章

存在性不安（Ontological insecurity）[1]

现在，对于临床研究的性质，我们可以做出更为精确的表述。存在于世，一个人可以经历自己空间上的真实、生动、完整，及时间上的连续。作为这样一个人，他可以活在世界中，与他人相遇相处，并经历世界和他人的真实、生动、完整和连续。

这样的人，具有基本的存在性（ontologically）[2] 安全感，能够关注自身及他人的现实性和统一性，产生稳定的感受，并借此应

1 ontology 一词，同德文 ontologie，可译为"本体论"或"存在论"；参海德格尔《存在与时间》，三联书店 1987 年，附录一，另参作者在本页对于 ontologically 一词的原注。——译注

2 "存在论"（ontology）一词，哲学家们（尤其海德格尔、萨特、蒂利希）自有其定义，但我对该词的应用，依据其当下的经验意义。这是因为，在我看来，它是"存在"（being）一词的最佳派生副词或形容词。——原注

对社会、伦理、精神、生物等各项生活内容。他能感受自我完整的身份和人格统一，还有事物的永恒性、自然过程的可靠性和实在性、他人的实在性等等。然而，与此相反，也存在另一种人，他完全无法感受任何无可非议、不证自明的确定性。我想说的是，前者很难改变自己，进入后者的世界。

我们的研究，直接针对安全感的部分缺乏或极度缺乏；此处所论的安全感，源于某种生存状态，我称之为原生的存在性安全感（primary ontological security）；我们的研究还直接针对焦虑与危险，我认为，它们正是源于原生的存在性不安；我们的研究还将涉及当事人试图应对焦虑和危险时产生的后果。

存在性不安和基本的存在性安全感，是两种不同的生存状态，我希望比较两者，指明它们的对立，文学批评家特里林（Lionel Trilling，1955）已经指出过这一对立。为此他比较了两个
40 世界，其一是莎士比亚和济慈的世界，其二是卡夫卡的世界。特里林写道：

……济慈对于恶的意识，并存于他极为强烈的个人身份感，相形之下，他对于恶的意识不再显明如初。关于这种情况，某些当代读者会说：恶的意识不那么强烈了。按同样的道理，我们可以比较莎士比亚和卡夫卡，他们以各自的天才，深刻揭露了人类的痛苦和普遍的异化悲剧。当代读者会说，是卡夫卡而非莎士比亚，做出了更为强烈、更为全面的揭露。这应该是正确的判断，因为，对于卡夫卡，个人身份

感并未抵消恶的意识。莎士比亚的世界正是帕斯卡的世界，与卡夫卡的世界大致相同，是一间牢房，牢房里每天都在死人。莎士比亚迫使我们看到生活中残酷的非理性力量，“傻瓜引出荒诞的剧情”。[1]作者讲述这些惊心动魄的故事，让我们领教淘气的诸神，他们折磨我们，不为惩罚，只因高兴。莎士比亚的故事，本身并不亚于卡夫卡的故事。跟卡夫卡一样，莎士比亚也被牢房里的恶臭熏得痛苦不堪，他关于恶心和呕吐的深刻描写，无可出其右者。然而，问题在于，在他们各人的牢房中，莎士比亚的牢友却远胜于卡夫卡的牢友。那些船长、国王、情侣、丑角、乡下佬……一个个有血有肉，至死方休。卡夫卡的牢友却没有这么幸运。在死刑判决执行之前很久，甚至，在邪恶的法律程序确定之前很久，某种可怕的结局早已强加于被告。我们心领神会：人之为人的一切，俱遭剥夺，只剩下抽象的人性，一如他自己的骨架，一具骷髅，绝不可能成为人之所有。他了无父母家庭、妻子儿女，缺乏承诺和保障，连日常爱好都没有，更谈不上任何权力、美、爱、智慧、勇气、忠诚、名誉、骄傲等等。一切都与他无关。因此我们可以说，关于恶，卡夫卡提供了完整的认识，其中不包含健全而合理的自我期许，不存在两者的比较。相形之下，莎士比亚关于恶的认识，却存在着极大的内在冲突。（1955，第 38—39 页）

1　英文引自莎士比亚戏剧《麦克白》第五幕第五场：“人生就像痴人说梦，充满喧哗与骚动，却没有任何意义。”——译注

的确，如特里林所说，莎士比亚刻画了这样一群人物：形形色色的疑难困扰他们，各式各样的冲突撕扯他们，但他们明显能够感受自己的真实、生动、完整。卡夫卡却不是这样，他代表了当代文学艺术的一个主题：如果缺乏安全感，活着会是什么样子？作家和艺术家致力于相关的创作，在这些作品中，人们活着，仅此而已。

41 例如，贝克特[1]笔下是这样一个世界，其中不存在“健全而合理的”自身感受，因此，生存的绝望、恐惧和厌烦无法缓和，正如《等待戈多》中的两位流浪汉，等待莫须有的戈多，活得可怜：

> 爱斯特拉冈：我们始终在寻找，不是吗，狄狄？好让自己感觉还活着？
>
> 弗拉季米尔（不耐烦）：是啊是啊，咱们在变戏法！不过趁着没忘记，咱们尽力而为吧。

画家们也在思考，培根[2]等人表达了类似的主题。概而言之，文学艺术家们的工作提醒我们，此处的问题深及人性，事关重大，我们的精神病学临床探讨，只是一个有限的角度，希望能取

1 贝克特（Samuel Beckett，1906—1989），爱尔兰戏剧家、小说家、著名生存论作家，名剧《等待戈多》的作者。该剧人物“戈多”，直到剧终也没有出现。——译注

2 弗朗西斯·培根（Francis Bacon，1909—1992），出生于爱尔兰的英国画家，其作品风格粗狂犀利，常以扭曲怪诞的图像表达人物内心的挣扎和痛苦。——译注

得部分的进展。

既然如此，让我们从根本上谈起。

从生理上说，出生是一个确定的行为，它把婴儿抛入这个世界。我们主观地认为，这是一个新生命，一个新的生物实体，自然而具足，真实而鲜活。人们通常认为，生理上的出生，开启了一个不断发展的过程，其结果，在极短的时间内，婴儿就能感受自己的真实和生命，体会自己的实在性，时间上连续，空间上确定。简言之，随着生理上的出生，婴儿会迎来生存论意义的诞生，拥有生存论意义的真实和生命，形成最基本的确定性，它是所有其他确定性的基础。这一整个过程被人们视为理所当然。人们的意思是：孩子是真实的存在，拥有自主发展的能力，能体会自身完整的存在，感受自身的真实与生命，相应地，也能感受他人的真实与生命。人们认为，这不仅是成人对孩子的看法，也是孩子对自己的实际感受。人们如是说，意在要强调经验的自主性：经验可以自己发展、自己证明。

概而言之，人们认为，个体可以经历自身的真实、生动与完整，通常环境下，明显区别于周围世界，从而确保其个人身份和意志自由。换句话说，人们相信，个体拥有时间上的连续性、空间上的扩张性，也具备内在的一致、具体、真实和价值感；并且，一般而言，个体既然始于生，就有责任终于死。如此这般， 42
个体获得了存在性安全感，作为其生存的坚固内核。

然而，以上只是我们主观上的看法。假设从婴儿自己的角度来看，事情恐怕与我们的想象有别。事实上，通常环境下的个体，其自己经验的指向，与其说是自身的实在性，不如说是自身的不实在。严格来说，个体会感到自身缺乏生命力，进而觉得难以把握自身与世界的边界，最终导致个人身份的困惑、意志自由的迷茫。围绕其自身存在，在时间上，个体可能难于感知其身份的连续性，在空间上则难于感知其人格的统一性和内聚性，这两者对于他至关重要。个体会觉得自己不实在，无法断定自身是否真实、美好、有价值。最后，某种程度上，他会感到自己与身体的分离。

既然对自己是这样一种经验，那么，个体不可能生活在一个“安全的”世界中；相反，他会退回“他自身之内”，以便寻求相对的安全感。他会比较自身和另外一些个体，后者对自己的经验健全而合理，相比他们的世界，他的世界“样子”迥异。既然如此，与他们发生关系，进入他们的世界，意味着陌生的行动、陌生的含义。不难理解，如果我们拥有存在性安全感，我们当然乐意敞开自己，与他人产生并发展关系。相反，如果我们缺乏存在性安全感，就会害怕敞开自己。如果安全感很低，以致日常生活都成为威胁，我们就会自我封闭，避免自己可怜的安全感受到冲击。[1]

也就是说，基本的存在性安全感至关重要，个体一旦获取，通常的生活环境就不会对其生存构成持续的威胁；反之，个体将

1 另一些作者如沙利文、希尔（Hill）、F. 弗洛姆-赖希曼，尤其阿里尔蒂（Arieti）表达了十分类似的见解。费登（Federn）在表述上差异虽大，但仍持相近的基本观点。——原注

始终感到这种威胁。只有认识到这一点，才可能理解某些精神病的产生和发展过程。

如果个体无法正常面对自身及他人的真实、生命、自主及身份，那么，他将苦苦挣扎，拼命要使自己变得真实，力图想让自己或他人显得有活力，殚精竭虑维系自身身份，用他自己的话 43
说：他将努力避免失去自己。常人每天经历各类琐事，这些琐事，因无特殊意义，不被常人注意；然而，对于他，却会生死攸关，因为它们事关他存在的本质，或者让他面对非在（non-being）的威胁。对他而言，世界的本质将（或已经）拥有与众不同的意义。就此我们认为，他将（或已经）“生活在他自己的世界之内”。不过，若无仔细的甄别，不应轻易断言他已退缩自身，与现实“丧失联系”。实际情况与我们的想象正好相反：外部事件对他的影响的确不同，只是与常人相比，影响不是变小了，而是变大了。要而言之，他并未“冷淡了”，并未“退缩自身”。更准确的说法应该是：他自己的经验世界，再也无法与常人共享。

本书拟探讨上述过程的发生、发展。然而，在此之前，有必要先讨论三种不同形式的焦虑：吞没（engulfment）焦虑、爆塌（implosion）焦虑、僵化（petrification）焦虑，它们见于存在性不安的个体。

1. 吞没焦虑

一个分析小组举办了一期讨论班，两位患者在班上展开辩论。过程中，一方突然宣布退出，其理由是：“不想跟你辩论了，你无非是为输赢，无论胜负，这对你只是一场辩论而已。但我参加辩论，是为了捍卫我的生存。”

患者是一位年轻人，看上去并无精神异常。然而，如他所说，他参加辩论的目的，或者说，他全部生活的目的，并不为愉悦，而是“捍卫生存”。根据他上述说法，不难推论：既然输掉一场辩论就危及其生存，那么可以认为，他“基本上与现实脱节”，可归结为精神病。然而我要指出，这样一种推理回避了问题的实质，无助于理解患者。事实上，我们必须认识到，面
44 对这样的患者，精神病学教科书所推荐的讯问方法，可以在十分钟以内使其言行呈现精神病“病征”。现实生活中，一些人的基本安全感如此脆弱，几乎任何关系都可能威胁其生存，不管这种关系多么淡薄、“无害”；从这些人身上，很容易诱发精神病“病征”。

为了与他人产生联系，人需要坚实可靠的自主身份感。然而，另一方面，生活中存在这样的个体，任何联系都会威胁其身份，由此产生的焦虑可称之为“吞没焦虑”。在吞没焦虑中，个体畏惧与他人他物的联系，甚至畏惧与自身的联系。这是因为，他未能感到坚实可靠的自主性，他恐惧自主性和身份的丧失。这意味着，吞没焦虑不应简单理解为：个体拼命避免，但它照样发生。事实上，在吞没焦虑中，个体主观上感受着这样一种过程：他所做的一切，都是为了拯救自己，使自己得以回避随时可能发生的铤而走险，免于被吞没的灭顶之灾。对他而言，被吞没是一种危险：被理解（即被把握、被了解）、被爱的

危险！甚至仅仅是被看见的危险！常人出于不同的原因害怕被恨；然而，有吞没焦虑的个体宁可被恨，也恐惧被爱——被爱所淹没、所毁灭！

陷于吞没焦虑的个体，主要以孤立（isolation）作为手段，来维护其身份。他缺乏个人自主性的基础，因而，无法在独立与联系之间保持常态的平衡，相反只能走极端：要么完全失落于他人（被吞没），要么彻底孤立，此外不存在第三种安全、辩证的相互关系。只有这样的两位吞没焦虑个体，各自确知双方状态，他们就能以一种“真实的”方式，“把自己失落”给对方。不难理解，如果一个人恨自己，那么，他就可能希望把自己失落给他人，假借被他人吞没来逃避自己。眼下我们的焦点是个体对这种可能性的恐惧，然而，正如后面我将指出，某“时刻”令人恐惧、力避之事，可能转而成为狂热的追求。 45

吞没焦虑解释了一种所谓“消极治疗反应”[1]，在心理疗法的意义上，就此做出了非常正确的阐释。在吞没焦虑中，被正确地理解，意味着被吞没、被包围、被吞食、被淹溺、被吃掉、被笼罩、被窒息等等，概而言之，被他人包容一切的理解所毁灭。从这样的角度来看，虽然孤立是那么可怕，虽然始终被误解令人如此孤独、痛苦，但在孤立中，至少有着某种程度的安全。

这就是说，他人之爱比他人之恨更叫人害怕。被他人所爱，相当于置身于强制性的承诺之下。要治疗这样的人，唯一的方法

---

1 消极治疗反应（negative therapeutic reaction），指患者不能忍受治疗的进步或病情的好转而产生的反应，表现为患者的症状反而较以前更为恶化。——译注

就是装作比原来更“爱”，更“关心”。医生应将“帮助”患者的必要而复杂的动机真正转化为对他的关心，目的是为了“任其自然”，而并不是真要吞没他或冷淡他。越是如此，治疗就越有希望。个体的身份在与他人之联系中受到威胁，人们常用各种意象来刻画这些联系。此处可列举一些与吞没恐惧密切相关的意象：被埋葬、被淹溺、被流沙活埋等等。火的意象一再出现。火，或许正是个体内在生命闪烁不定的象征。火，或许正是一种破坏性的异化力量，它使人失去一切，让人毁灭。某些精神病人在疾病发作时向我们诉说：他们着火了，他们的身体在燃烧。一位患者说他冰凉又枯干，但同时他又畏惧温暖和潮湿。他害怕被火或水淹没，那不同样是一种毁灭吗？！

2. 爆塌（Implosion）[1]

我使用“爆塌”这个词，意在强调温尼科特所谓“现实冲击”（impingement of reality）的极端形式；不可能找到比爆塌更强烈的词了。在某些患者看来，世界注定要在某一时刻崩溃、坍塌，使他失去全部身份，就好像突然涌入的空气使一个虚空瞬间消失一样。然而，冲击一词并未充分表达这种经验中的恐惧。个体深深感到，自己就像虚空，自己就是虚空！个体渴望自身之虚空被充满，然而，与此同时，个体又恐惧自己被充满，因为他觉
46 得：自己命中注定只能是虚空。既然如此，与现实的任何“接

1 爆塌（Implosion），与爆炸（explosion）性质相同，但方向相反，或曰向内的爆炸。——译注

触”，对他而言，都属致命威胁。在他看来，爆塌是现实的本性；这样一来，无论他为自己争取何种身份，现实本身都意味着威胁。这就好像吞没焦虑的情况，在那里，任何关系都构成对自身身份的威胁。

概而言之，这样的现实，对于个体而言，不是吞没，就是爆塌，是他痛苦的根源。

事实上，以这样的方式生活，任何人都将脆弱不堪，无法承受日常的变异，甚至身体低热不适，也可能形成致命打击，让当事人痛苦焦虑，不堪面对。

3. 僵化和非人化

首先需要说明，我所谓“僵化”一词，包含以下几层含义：

第一，意指一种特殊形式的恐惧。它僵化个体，使之变成石头。

第二，意指对于上述情况的害怕。害怕由一位活人变成（或被变成）僵死的事物，如石头、机器人、自动装置等，丧失自由意志，沦为缺乏主体性之它（it）。

第三，意指一种“巫术”行动。施行者试图石化某人——将某人“僵化”为石头。进而意指这样的行动：施行者否定他人的自主性，无视他人感情，视他人为物，抹杀他人内在生命。换一个表述或许更为确切：施行者对他人进行非人化、物化；他否定他人自由主体的身份，不把他人当人，而是当成一个它（it）。

上述第三点，即所谓非人化，乃是一种心理技术。患者一旦觉得无法面对他人的存在，就可能针对他人施行这种心理技术。此时，患者完全关闭对他人的情感反应，他人遂沦为非情感的对象客体。需要强调的是，非人化过程包含两个不二的层面：一方面，患者感觉自己被他人非人化；另一方面，患者因而对他人报以非人化。这个过程中，患者始终恐惧被他人非人化，这种恐惧控制了他，让他觉得，对方的言行把他变成了“东西”（it），让他僵化，他为此恐惧不已。既然自己成了“东西”（it），意味着主体性被否定，所以他血色消褪，面容苍白。不过，本质上，这
47 反过来说明：患者为求证自身存在，竟如此依赖他人，以至于他人竟成为他自身存在的前提。

事实上，非人化，至少部分的非人化，作为一种心理战术，在日常生活中随处可见。不错，人们未必会刻意实施这种战术，然而实际上，它已然被人们下意识地加以默认。事实上，部分的非人化倾向，构成大多数人际关系之基础。无意识中，我们总是倾向于对他人实施非人化；我们罔顾他人的主观意识和客观身份，视他人为机器人、零部件、缺乏自由意志的配角等。不过，讽刺的是，换位思考一下：我们自己又岂有他哉——我们与他人互为彼此，因果相循，自己也置身非人化处境，无法例外。

我们乐于幻想一个理想的生活圈子。我们以为，这样的圈子虽有局限，却无非人化之虞。殊不知，如此生活圈子，潜伏着更大的危险，尤其对于存在性不安的个体，可能产生更可怕的冲击。很有可能，他会把他人感受为自由的主体，相应地，把自己感受为不自由的客体，缺乏主体性，无非一样“东西”（it），面

对他人死气沉沉，存在感尽失。这是一种可怕的焦虑，它恰好证明：存在性不安的个体无法直面生动自由的他人，因为直面他人，意味着否定自己。这正是危险之所在。就此，萨特在其《存在与虚无》第三部分，有过精彩的讨论。

至此，问题尚需进一步的审视。一方面，个体乐于看到他人感染自己，提升自己的存在感；另一方面，个体害怕他人的同在，所以实施非人化、僵化他人，使之空洞无物。后一方面可能产生反向作用，致使个体认为：自己与他人的任何关系，都会危及自身，遭受僵化和非人化。这意味着，任何他人都危及他的“自己”（自主性行动的能力），而且并非因为他人做了什么，而是因为他人的存在。

詹姆斯（James），一位二十八岁的化学家，他不幸的生活，对上面相关内容，给出了生动的注解。

詹姆斯一直抱怨不停。他说，他“没有自己”，不成“人样”。
他说：“我没有身份，只是他人的机械反应。”如本书第五、六
章将要展开的描述，詹姆斯觉得自己活在假自己（false self）之
中，没有真自己（true self）。随着时间的消逝，他越来越觉得自 48
己“无法理喻”，虚无缥缈，空洞无物，“像只软木塞，在海面漂
浮无定”。

自己竟然不成“人样”，詹姆斯对此耿耿于怀，并归咎于母亲：“她从不认可我，无视我的存在，只想用我烘托她的存在。”他自惭形秽，了无自信，惴惴不安，时时恐惧现实中毁灭性的打击，羡慕他人总能处之泰然。虽然他总觉得自己虚无缥缈，空洞

无物，漂浮无定，虚幻不真，然而吊诡的是，这些感觉本身却无比沉重、确切、清晰、实在，让他饱受压抑。任何他认为有意义的事情，都令他深感自卑，内心觉得自己“格外渺小”。

不过，生活中的詹姆斯，貌似并不怯懦，常结合运用两种隐秘的无意识战术，以维系自身安全感。因其隐秘、无意识，所以安全。他表面上顺从他人（参见第七章），内心却僵化他人，借此缓解吞没焦虑，避免被非人化，主体性得以维系，始终不至于公然解体，然而也得不到直接、及时的表达。

詹姆斯害怕变成他人之物（thing），这一危险时时威胁着他，促使他先下手为强，表面上主动自我放弃，伪装成一只随波逐流的软木塞，与人无害。不错，谁会在乎这样一只软木塞呢？然而，与此同时，詹姆斯却物化他人，一厢情愿悄然彻底解除对方武装、化解自身危险。他下意识以为，如此这般摧毁他人，使之非人化，就可免于被他人摧毁。他以为，视他人为机器，就一笔勾销了其生命力，从而免于被他人吞没、沦为他人附庸，或爆塌于自身虚空。

詹姆斯的妻子是一位可爱活泼的女子，情感丰富，精神饱满，个性坚强，很有主见。詹姆斯与她的关系，颇为自相矛盾。一方面，他感到彻底的孤独，完全无法与妻子交流；另一方面，他又绝对依附妻子，像一条寄生虫。例如，他梦见自己变成一只
49 海贝，吸附在妻子身上。

这个海贝之梦，格外泄露了詹姆斯无意识中更深的秘密：他想物化妻子，把妻子变成一部机器、一艘船，供他寄生。他以

“临床医学的”精确性描述妻子的笑声、愤怒和忧伤，过程中，他甚至把妻子叫作“它”，让人有点不寒而栗。例如他说：“然后它便笑起来。”妻子之所以是“它”，是因为在他看来，妻子的行为无一不是可预见的确定反应。例如，他给妻子（它）讲一个普通的笑话，如果她（它）笑了，他认为，这就证明她（它）是机器人，可预先加以“设定”。此时，他的描述酷似某类精神病学理论，可用以刻画普遍的人类行为。

最初，对于我所说的话，詹姆斯明显有能力表示拒绝、反对或认同，令我意外，也感到高兴。我觉得他颇为自知，有可能超过他自己的估计；我认为，也许他并不太恐惧暴露其自主性。然而，稍后我即发现，他实际上并不具备这种能力。他的自主性行为其实是假相，真相是，他向我实施上述无意识的心理战术，想要物化我，使我成为机器人，不再拥有我自己的身份，而他只需输入指令，我就会按“设定”输出结果。这种隐秘的无意识战术使他显得像个“人”。然而事实上，很显然，他无法承受常态的人际关系。

詹姆斯这样的人，常做同一类梦，如上面的海贝之梦。这些梦暴露了所论之焦虑和恐惧。作为比较，常人虽具存在性安全感，也可能害怕被吃掉；然而，常人这种害怕，迥异于詹姆斯他们梦中的焦虑和恐惧。被吃掉并不必然意味着丧失身份，例如，约拿就曾被大鱼吞入腹中。对于常人，鲜有噩梦会令他们害怕丧失身份，从而产生焦虑。对一般常人来说，生活或梦中的威胁，并不危及他们作为人的存在；他们可能受到攻击或伤害，但不至

于丧失基本的生存内核。典型的噩梦会吓醒做梦的人，但这种恐惧并非害怕丧失“自己”。例如，一位患者梦见一头肥猪坐在他
50 胸口，试图闷死他，于是被吓醒，这个噩梦充其量有被闷死的危险，但患者之存在并无解体的危险。

对于詹姆斯这类患者，母亲或女性乳房会威胁他们自己的身份，作为一种心理防御，他们会物化母亲或女性乳房的形象，使之变成东西（thing），这样的情境常常出现在他们的梦中。一位患者反复做一个同样的噩梦，梦见房间角落里有一个黑色的三角形，起初很小，却越长越大，转眼就要把他吞没，令他恐惧万分，就此醒来。这是一位年轻的精神病人，有数月时间，他与我的家庭共同生活，所以我对他有相当的了解。就我所知，唯有爵士乐可以让他“放松”，摆脱焦虑和噩梦的折磨。

显然，乳房或相关女性形象严重威胁了患者的自己，所以即便在梦中，也会遭受如此的非人化！造成这一结果的原因，应该关乎人格发生和形成阶段可怕的经历，关乎常态非人化过程（a normal process of depersonalization）的失败。

博斯（Boss, 1957 a）提供了几个预示了精神病的梦例。梦者后来都患了精神病。其中一个梦境中，做梦者被火吞没：

> 一位女性，年近三十，患病之前，梦见自己置身马厩，燃烧起来。围绕着她（火）的身体，熔岩层渐渐冷凝、堆积，越来越厚。她恍然体外，又恍然体内，眼见熔岩层慢慢窒息了火焰。这时候，宛如魔鬼附体，她猛然全身站在火

外，抄起一根棍子打火，想要敲破熔岩层的硬壳，放空气进去。但她很快精疲力竭，火（她）渐渐熄灭。四天之后，她患了急性精神分裂。这个梦，从细节上准确预示了患者的特殊病程。患者的生命以僵化开始，以完全封闭告终。发病之后，一个多月的时间内，患者拼命搏斗，与梦中情景没有两样，试图挽救自己的生命之火，免于被僵化的硬壳窒息。然而，最终结果，她身心交瘁，变成了一座死火山。几年过去了，不幸依然。（第 162 页）

另一个梦例中，当事人梦见别人的僵化，其实预示了自己的僵化：

……一位少女，年方二十五，梦见自己做好晚餐，摆好
饭，叫父母、弟妹用餐。可是，家中竟无人应答，只听见自
己的回声，仿佛来自一个幽深的洞穴。屋子空空荡荡，令人 51
毛骨悚然。她猛然冲上二楼，打开第一间卧室，两位妹妹各自僵坐在自己的床上，任凭她焦急嘶喊，了无回应。她走上去想摇醒她们，突然发现原来是两尊石像。惊恐之中，她逃进母亲的卧室，不料母亲也变成了石头，呆坐在扶手椅中，眼睛木然凝望半空。恐怖加绝望，逼她逃向父亲的房间。父亲站在房间中央，渴盼救护的她扑向父亲，紧紧搂住父亲的脖子。可是，原来父亲也是一尊石像。更为恐怖的是，当她搂住父亲的脖子时，父亲就从石像变成了一堆沙子。患者恐

> 惧莫名，霍然猛醒，震撼于梦中场景，久久无法动弹。此后，数天之内，同样的噩梦接连重复四次。当时，患者身心健康，堪为楷模，被父母誉为家中的阳光，视为骄傲。然而，噩梦重复四次之后，第十天，患者突发急性精神分裂，极度紧张，陷入僵化状态，如同她梦中家人的僵化。她还活着，但已经彻底垮掉。（第 162—163 页）

为理解上述患者的结局，需要检讨一个看来普遍的规律：就某些方面而言，那些最令人恐惧的危险，如熔岩的窒息、变成石头等等，其作用范围有限，一般不会真正发生。因此，借助无意识心理的虚拟，置身如此这般的危险，表面上放弃自主性，其实正是一种秘密武器，用以维护自主性。所以我们就装傻、装病、装死等，达成一种反向的自保。奥秘在于，石化自己，是免得被别人石化。有趣的是，尼采如是说："汝当坚强。"我相信，某种意义上，尼采自己并不打算僵死如石，他是以防被他人僵化。宁可说，彻底的自我理解，意味着自我吞没，以防被他人的理解所吞没。最后，借自己的爱消耗自己，便杜绝了被他人消耗的可能性。

52 运用同样的逻辑，我们得以解释相反的现象，即针对他人的心理攻击。个体之所以采取自认为适当的手段攻击他人，乃是因为感到了他人对自己的攻击，所以率先行动。当一个人害怕自己的主体性被他人淹没、冲击或封闭，他就会反其道而行之，试图淹没、冲击、消灭他人的主体性。不过，为了维护自身自主性和身份，不惜抹杀他人个体性，这样的做法只会导致恶性循环。因为，对他人之存在的任何否定，必然反过来削弱自身存在性安全感，进而放大他人的威胁，并诱发对他人更激烈的否定。

就个体自主性而言，上述恶性循环同时包含了两种失败：个体无法维系自身为人之感，既无法与他人一道维系，也无法独自维系。换言之，个体无法独立支撑自身存在感。这是自我实现（to be）的失败，是独立生存的失败。恰如上述患者詹姆斯所说："我的生存取决于别人。"对比前面所论的恐惧——恐惧他人剥夺自己的生存——两者貌似相互矛盾，但事实不过是：两者并存于詹姆斯这样的人身上，形成他们的人格整体。

经历自身的自主性，是一种能力，意味着这样一种自我认识：我独立于他人而存在。对于他人的快乐或痛苦，无论在生活层面我有何责任，但就存在层面而言，他终不是我，我也不是他；无论多么孤独、悲哀，我仍能独自存在。他不是我，相应地，我身上属于他的，只是部分的我。他或许告别人世，或许离我而去，我却依旧是我，包括我身上曾经属于他的那些部分。总而言之，无论如何，我既不能生他之所生，也无法死他之所死，反之他也一样。就这个话题，萨特论及海德格尔说：他人既不能也无法代我去爱、去作决定，反之我也一样。一句话，他人既不能也无法是我，而我也一样。

个体如果无法经历自身自主性，就无法经历与他人的常态分离和常态联系。这意味着，个体或者感到自身存在囿于他人，或 53

者感到他人存在依赖于自己。在某种意义上，就人与人的相互依存而言，这种主体经验模式已经违背了客观实际。这其中隐含的事实是：一方面，个体陷于对他人的存在性依赖（为自身存在而依赖于他人），另一方面，个体未能自觉于这种依赖，在依赖中产生虚假的感知，并误以为真相。这样的个体，要么彻底脱离和孤立，要么寄生于他人，如同海贝或吸血鬼。对于这样的个体，他人之血既是自己生存的前提，又是对自身存在的威胁。换句话说，他不是在常态分离和联系之间求平衡，而是在完全孤立或彻底依附之间走极端。他始终摇摆于两个错误的极端，就像某一类自动机械玩具，一旦上紧发条，便按既定程序做正向运动，到达拐点之后，又按既定程序做反向运动，再做正向运动，然后再做反向运动……如此循环往复，震荡不停。

患者詹姆斯声称，他需要他人，因为这是他生存的必要前提。另一位类似的患者，可以一连数月满足于独居斗室，与世隔绝，节俭度日，玄思冥想；然而，再往后就感觉不妙了，内心日益空虚、死寂，甚而哀叹："生活如斯，掏空我自己，令我每况愈下！"基本的事实是，他的孤独透露他的骄傲和自大。在孤独中，他日益深陷非人化状态，到一个拐点，他会突然反转，激情投身社交生活，来一次短暂的放纵，靠他人过一次"瘾"，但（如他所说）"绝不过量"。正像一名酒鬼，实在熬不住戒酒的日子，便破戒狂饮一次，如此周而复始。有趣的是，对于自己的"人瘾"，他会感到害怕、害羞和懊悔，跟酒鬼或吸毒者没有两样；差别只在于，他的瘾品不是酒精或毒品，而是他人。如此

“人瘾”，很快引发焦虑，害怕重陷过去不幸的泥潭；无助、困惑、羞耻之感交相混杂，令他格外恐惧，迫使他重返孤独。 54

下面两例个案，将进一步阐明以上讨论的某些要点：

个案 1 孤独焦虑。R 女士深陷心理危机，她罹患广场恐惧症，害怕上街。不过，进一步的观察揭示：一方面，在大街、广场或类似的公众场合，她一旦感觉到自己的存在，就会产生焦虑；然而，吊诡的是，另一方面，只要不觉得自己真的孤身一人，她就可以自在起来。

不妨简单了解一下她的生活。R 女士是独生女，自幼孤单，家中并无明显的忽视和敌意；然而她觉得，父母彼此十分关切，相形之下却冷落了她。长大后，她渴望弥补这一情感的空缺，但始终不成功，反而日益沉溺于自我满足。她需要这样一个人，在这个人心目中，她始终是那么重要，不容忽视。爱她、赞美她当然最好，但恨她也行，因为对她来说，没人关注比什么都可怕。所以，她举手投足都渴望引人注意。记忆中的童年令她耿耿于怀，她在父母眼里什么也不是，他们对她既不爱也不恨，既不赞美也不羞辱。

结果，她经常面对镜子自我打量，却始终无法相信自己是某个人，始终害怕镜中其实并没有人。

后来，她长成一位动人的少女，并于十七岁那年嫁给一位军官。生平第一次，有人——这位军官丈夫——真正关注她的情感和心理需要。特别说明问题的是，在她看来，父母从未注意到她内心日益成长的不安，直到宣布订婚，她中止了这种不安。丈夫的关注带给她温暖，让她感到满足和自信。然而，不幸的是，丈夫赴国外执勤，而且不准携带家眷。此次分离期间，R 女士经历了严重的恐惧症。

应该说，暂别丈夫的心理反应，并非因渴念而致的忧伤。如上所述，此乃恐惧症。本来，因为丈夫的出现，她的内心世界已经开始得到持续的关注，赢得了生存的权利，可是丈夫的
55 暂别竟令她重返不幸。仿佛一株特别娇弱的花草，一日无雨，芳命其萎。凑巧她母亲突然患病，父亲急切请她回家照看母亲，反倒帮她自己摆脱了危机。如她所说，照看母亲的这一年，在父母家中，她与过去判若两人。如今她在父母家中举足轻重，直到母亲去世、她开始筹划与丈夫团聚为止，在此期间，她的恐惧症荡然无存。概而言之，照看母亲的这一年，她生平第一次感到自己是父母的孩子，相形之下，是不是丈夫的妻子，倒不那么重要了。

我们再次看到，母亲去世并未引起 R 女士真正的哀伤，她所焦虑的，是她自己的孤独。不错，母亲去世了，父亲还在，不妨说，还有丈夫啊，不过，如她所说：“此外一无所有。”而我们需要辨别的是，这并不使她忧伤，而是使她恐惧。

接下来，她去国外与丈夫团聚，过了几年快活的日子。然而，她渴求丈夫最大的关注，永不满足，丈夫勉为其难，所能给予的越来越少。婚姻终于破裂。她重返伦敦，回到父亲家里。其

间，她做了一位雕塑家的模特，并与之同居，就这样生活了几年，直到二十八岁。就在这一年我与她相遇。

R 女士这样谈论大街：“大街上人来人往，各自忙碌，谁也不认识你。即便偶遇熟人，无非点点头、打打招呼，充其量聊上几分钟。没人晓得你是谁，大家只对自己感兴趣，没人关心你。”她曾目睹有人当街晕倒，旁人却漠不关心。“没人在乎。”如此情境、如此心思，令她焦虑不已。

然而，R 女士所焦虑的，其实是她自己，更确切地说，是她孤身于大街这种状态。事实上，若有知己陪她上街，或者在街上邂逅知己，她就不会焦虑。

寄居父亲家中，她也时常独处，却并不焦虑，因为其时她从未真正感觉自己。这样的时候，她一个人做早餐，收拾床，洗刷，要多慢有多慢；时光冗长，可她并不介意。“身边的事情都 56
很熟悉。”这儿是父亲的椅子和烟斗搁架；那儿是母亲的肖像，从墙上望着自己。这些事物，她自幼熟稔，如今仿佛旧日光辉，令屋子明亮温暖。对于个中人，这些事物是生命的组成。所以在这样的时光中，她貌似独处，却宛如置身魔法，像是有人陪伴。然而，大街上可不是这样，那儿车水马龙，陌生嘈杂；大街上没有魔法，她在那儿只是一位无名的过客。

R 女士的言行，可能让人想到歇斯底里。歇斯底里属于无意识范畴。围绕歇斯底里，精神分析发展出一套据称是经典的理论。如果将这一理论盲目强加于 R 女士，就可能得出这样的结论：这位女子陷于无意识的恋父情结，遂产生无意识的罪感，连同无意识的惩罚需要或惩罚恐惧。这种理论会认为，到目前为止，R 女士一直未能摆脱恋父情结，由此决定了她的所思所想所作所为：最终回到父亲身边，以取代母亲的位置。所以，作为一位二十八岁的女子，她自然会成天想着父亲；同理，对于母亲，她内心深处存在着无意识的心理冲突，导致无意识的罪感，驱使她努力护理患病的母亲。她最初的无意识愿望就是希望母亲去世，那么，当母亲果真去世，让她的无意识愿望成为现实，就会引发她的焦虑；云云。[1]

然而，R 女士人生的根本问题或中心问题，并不存在于她的“无意识”之中；相反，这一问题，无论对她、对我们，实在是相当显明，尽管她还认识不到自己的很多问题。

R 女士的根本问题在于，她缺乏存在的自主性（lack of ontological autonomy）。若无知己在场，或者，若非想象知己在场，她就无法感知自己的身份。她恐惧自身存在的丧失。就像童话里的小叮当（Tinker Bell），为了自己的生存，她需要别人来相信她的生存。她的情人是雕塑家，她是雕塑家的模特儿，此事岂
57 非必然？！既然自身存在需要别人认可，那么，若无人认可，她肯定会被焦虑淹没！对她而言，存在就是被感知、被关注，而不应沦为一位无名的过客、满足于一次偶然的邂逅。若她被看作无名之辈，遭人轻视，被当成东西，她就当真什么都不是了。她存在于他人眼中，若无人关注，她只好借想象的魔法，呼唤他人的

1 明显的“歇斯底里”病症形成（symptom-formation）值得关注。就此，塞格尔提供了最有价值的文献（Segal，1954）。——原注

幻象：爸爸、妈妈、丈夫、情人……具体是谁，按当时的心理需要而定。有他们在身边——虽是幻象——她才觉得自己是个人，生存才有意义。倘若他们离去或辞世，她真实的心理并非悲哀，而是恐惧。正是这种恐惧僵化了她。

R 女士的问题，从根本上说，的确无法归结为“无意识”问题。我们不难发现，她拥有无意识的妓女幻想；然而，这一发现却无法解释她在大街上的焦虑，也无法解释她为何如此关注那些女性，她们当街晕倒，竟无人扶助。相反，唯有围绕她的根本问题，牵涉到她的自在（self-being）、她的为己之在（being-for-herself），我们才能解释和理解她的无意识幻想。她对于孤独的恐惧，并非为“防御”乱伦幻想或妓女幻想；相反，这些乱伦幻想——她的确有乱伦幻想——倒是为了防御孤独恐惧，这种恐惧是她作为女儿的全部“固恋”。或者说，这些乱伦幻想是借以克服孤独焦虑的手段。如果她的生存状态是另一个样子，按常态发展、成长，像常人一样得到快乐和满足，那么，她的无意识幻想就会具有完全不同的含义。然而，事实上，她的性生活和性幻想是一种努力，指向基本的存在性安全感，以此安全感为基础，才谈得上快乐和满足。做爱让这一安全感得到幻想的实现，继而有可能带来幻想的快乐和满足——这不幸正是 R 女士的实际情况。

R 女士的问题，也可能让人想到自恋。然而，自恋一词，无论加以怎样的理解，用于 R 女士都是致命的错误。事实上，她没有能力爱上自己的倒影。[1] 同样错误的，是把她的问题归结于人格发展障碍，试图从心理性欲的口唇期、肛门期、性器期等方面寻找原因。然而，事实是，R 女士“一到年龄”便抓住了性欲这根稻草。她并不性冷淡。如刚才所说，做爱可以提供虚假的存在性安全感，在此基础上，性高潮可能带给她生理上的快乐和满
58 足。与爱她的人（她有能力相信自己被某人所爱）做爱，带给她或许是最美好的时光。然而，这样的爱没有生命力，因为她无法承受孤独，也无法让情人与自己一道承受孤独。

R 女士需要他人关注，这一事实，还可能引出“暴露癖”这种陈词滥调。针对这点，我们再次强调：必须从生存论角度加以理解，“暴露癖”这一用语才有意义，所以需要更加详细的讨论。R 女士“暴露自己”，然而她绝不“交出自己”。不错，她“暴-露”（ex-hibited）自己，然而与此同时，她却始终自我拘束、封闭（in-hibited）。因而，表面上她的问题是无友相伴，所以孤独，但实质上，即便与友共处她亦然孤独，而且，越是与友共处，她越不相信这种关系，或者反过来说，她根本无法真正与友共处！显然，她难以体认对方的自主性生存，一如她难以确信自身的自主性。所以，对方若不在眼前，对她而言，可谓不复存在。相反的情况是性爱，她把占有自己的男人搂在怀里，然而借助性高潮，她所拥有的，其实只是她自己。但她又无法靠自己成为自己，从而无法真正成为她自己。

1 自恋一词源于古希腊神话：美少年那喀索斯爱上自己的水中倒影，结果憔悴而死。——译注

个案 2　让我们来考察目前最奇特的人格现象，围绕这一现象，相关研究已然进行了几个世纪之久，但至今未有理想的答案。在这种现象中，个体好像变成了一个人格容器，然而，其中所装载的，却是一种异己的人格，本不应该为他所拥有。似乎，别人的人格“占有”了他，利用他的言行，去表达别人自己，而他的人格却一时“离去”或“丢了”。在此过程中，个体表现出各种恶意行为。这种奇特的人格现象，形式上分布甚广，有些表现得比较日常、简单，如“跟他爸爸学的”或“跟她妈妈脾气一模一样”等，有些却表现得很极端。在后一种情况，患者极度痛苦，觉得有可怕的压力在驱策自己，被迫采取一种异己的人格特征，或者与他自己的人格特征完全不一样，是他本来并不喜欢，甚至憎恶的人格。

这种现象事出心理上的强迫症、不情愿，所以它的发生，可能作为最重要的诱因之一，导致身份感的崩溃。甚至连害怕发生这种现象，也可能作为诱因之一，导致吞没恐惧和爆塌恐惧。这样的个体会害怕自己喜欢上别的任何人，因为他发现自己遭受着这样一种强迫症的压力：自己会变得跟喜欢上的人一样。他恐惧 59
这样的结果。后面我将尝试指出，这是导致精神分裂退行的一个根本原因。

在这种现象中，个体的自己和人格遭受了深度的修饰和限制，这种深度修饰和限制来自某种异己的亚身份（sub-identity），致使个体恐惧，害怕丧失身份感和现实感，从而陷入吞没焦虑。下面是一个相关的病案：

D女士，年四十。她陈述自己痛苦的病情，听上去含混不清；然而事实上，这种含混不清，恰恰泄露了她强烈的恐惧。她说，她害怕一切，“甚至天空”。她说，她没办法对丈夫感到满意，特别觉得丈夫“缺乏责任感”，令她气愤莫名。就此，她感到“自己里面好像另外有个人，拼命想要挣脱束缚，挺身而出”，这让她恐惧。她十分害怕像自己的母亲，因为她厌恨母亲。她觉得自己“无依无靠”，深感挫折、困惑而无可奈何，就此她归因说：她徒然付出各种各样的努力，却从未让父母感到满意过。父母的爱恨是非完全没有定准，无法预见。这样做是错，那样做也是错。结果，她不晓得“他们究竟希望我成为什么样的人”，从而无法知道自己到底是谁，也无法“明确”自己具体的言行对还是不对。凡此种种，令她苦恼至极，无法解脱。回首往事，她觉得父母恨她，她对父母的这种埋怨，透露她内心渴望与父母相爱。然而，她同时又说，父母让她饱受折磨，深陷焦虑，以至她不晓得是否还有能力恨他们，更不用说爱他们了。就诊期间她认为，她正在寻求“安慰”，希望从我这儿得到一些指导。然而，我对她的态度并非要给她指导，这让她特别愤懑，因为这种态度跟她父亲的态度十分相似。例如，父亲会这样回答她的提问：“别问！告诉你的都没假！”这样的态度令她困惑，渐渐形成一种强迫性的思维方式，始终想问“这是什么意思？”“这是为什么？”等等，并自问自答——就此她解
60 释说：得不到别人的安慰，只好自我安慰。结果，她深陷沮丧，频繁抱怨自己的感情，觉得幼稚可笑。就诊期间，她不断诉说

她对自己有多么悲哀。

然而，在我看来，“她”并未真正为真实的自己悲哀。她的这种抱怨，像极了一位惯发牢骚的母亲，老是抱怨自己淘气的儿女。事实上，据她陈述，她母亲恰好也总是这个样子，“仿佛另外有个人，从她里面跳出来”，从一旁抱怨“她的”幼稚。她不仅在这点上与母亲相似，其他方面亦然。例如跟母亲一样，[1]她也惯于冲着丈夫孩子大喊大叫，怨天尤人，动不动就要哭。也难怪，对于她，生活的确苦不堪言，因为她无法成为自己，只能成为自己的母亲。然而她下意识晓得：她越是感到孤独、失落、害怕和迷惘，她就越是真实的自己，同理，自己生气、厌恨、喊叫、哭泣、抱怨等，也都由于自己。因为，她越是让自己这样做（即成为她母亲），她内心的害怕就越是释然（这倒不假，但代价是放弃真实的自己）。只是另一方面，越这样做，她就会越烦恼——情绪的风暴过去之后，她会深感自己没有出息（未能保持真实的自己），转而厌恨那个影响她的人（即她母亲），厌恨自己的两面性。概而言之，这位患者的问题是：一旦她试图保持真实的自己，就会产生焦虑。为克服这种焦虑，她放弃成为自己，结果却更糟糕。当患者意识到这点，总体上，她就必须做出判断：为克服焦虑而放弃自己，是否值得？她从我这里受到的挫折（使她对我产生了强烈的厌恨情绪），无法简单归因为性驱力或攻击性驱力在移情过程中受阻，而应理解为

1 这是她的陈述。我不认识她母亲，无从判断是否属实。——原注

生存论意义的挫折。这一挫折产生于这样的事实：我没有提供她希望从我这儿得到的“安慰”，没有告诉她应该成为什么样的人。这就迫使她认识到，她必须自己决定成为什么样的人。她的父母未能尽其责任为她提供生活的起点，致使她无法正确面
61 对自己。她因此否定自己与生俱来的权利；而我拒绝提供“安慰”，则强化了她的敌对情绪，但唯有如此，方有可能激发她担起这份自己的责任。

就此而言，心理治疗的任务，恰如雅斯贝尔斯所说，是对患者自由的呼唤。有效地完成这一任务，则是心理治疗取得成功的标志。

PART 2 第二部分

个体在自身内部创造了一个小宇宙，这是一个内在的“世界”，自闭、隐秘，然而纯属虚幻，完全无法面对人类共有的世界，这个唯一现实的世界。事实上，正因为如此，精神病学才有了存在的必要。

第四章

身体化的自己和非身体化的自己

迄今为止，借助现实的案例，我描述了几种不同形式的焦虑，它们从不同侧面体现了我所谓基本的存在性不安（basic ontological insecurity）。这种存在性不安是一种特殊的生存情境，上述焦虑乃其逻辑结果。一旦个体的存在性安全得到保证，上述焦虑就不会如此凸显，不会像上述案例表现得那么顽强、激烈。

然而，即便缺乏基本的存在性安全感，人还是必须活下去，而研究者必须回答：陷于存在性不安的人，他们与自己的关系，禀有什么样的发生学机制和性质。我将努力表明，陷于存在性不安的个体，看来缺乏基本的整全性（basic unity），这种整全性经得起最剧烈的自我冲突。一旦缺乏这种整全性，人与自己的关系，必然陷于根本的心－身分离（split into a mind and a body），并且，一般而言，在分离的心、身之间，他们基本上都认同于自己的“心”（mind），难有例外。

按上述机制，个体的存在得以建构于其自身之内。这一建构将导致某些结果，本书以下的讨论，将围绕这些结果展开。在以下的讨论中，心－身分离将被视为一种无意识的努力，意在解决基本的、潜在的、根本的存在性不安。在某些情形下，心－身分离可能是一种手段，让存在性不安的个体得以活下去，也可能是一种企图，目的是要超越存在性不安。然而与此同时，各种焦虑感也得以持续下去，虽然，如我们所知，在某种意义上，心－身分离正是针对这些焦虑感的防御机制；此外，心－身分离还有可能成为精神病爆发的起点。在个体生命中，如果存在看来是非身体化（unembodied）的部分，而个体又极端认同于这一部分，排斥其他部分，那么，就始终存在精神病爆发的危险。本章中，我将运用最通常的术语，对照、比较身体化的自己（embodied self）和非身体化的自己（unembodied self），深入浅出加以说明。此后各章，我将暂不考虑各种幸运的例外，而要详论个体存在的整体性崩溃，正是这种崩溃导致精神病的发生。

身体化的自己和非身体化的自己

人被联结和约束于自己的身体，无有例外，包括那些最为非身体化的个体。一般而言，如果个体能够经历自己身体的生动、真实、实在，那么，也就能够经历自己的生动、真实、实在。对大多数人而言，生命始于身体的诞生，结束于身体的消亡；就是说，他们能够感受一个身体化的自己。

不错，大多数“普通”人，偶尔因压力陷于身心分离，很快能恢复常态，他们不是本书讨论的对象。本书关注另一类人，他们的生命未能与身体融为一体，相反，他们感到与自己的身体脱钩，程度大同小异。在一般人看来，这样的个体“他”人格不成熟，而他们谈到自己，则会或多或少反映他们的非身体化。

身体化的自己，非身体化的自己，分属两类人，两者之间存在着根本上的差异。如果两者都充分发展，就会形成两种不同的存在（being human）。大多数人会认为，前者健全、合乎常态，后者反常、病态，但这不是本书的立场。事实上，某些观点肯定身体化，但另有观点认为：个体应努力摆脱身体的束缚，朝向纯
67 粹的精神境界。[1]

就此而言，我们面对两种基本的生存情境。两者截然相反，却拥有共同的基本问题：好与坏、善与恶、生与死、身份、现实与非现实等等。两种情境都会产生这些问题，然而在不同的情境中，这些问题会有不同的基本表现。这意味着，我们面临两种极端的可能性，个体的生命状态可能趋向其中一种，并以相应的方

1 例如，布尔特曼在他的《原始基督教》（1956）中曾论及诺斯替教的灵肉分离（灵指真实的自己），借此给出卓越简洁的阐述。他认为，救赎即灵肉分离的开端，并引证诺斯替教义加以说明：“肉体是黑暗的牢房，是行动着的死亡，是麻木的僵尸；肉体是你与生俱来的坟墓，是你自己的十字架；肉体是盗贼般的恶友，佯装爱你，暗中对你妒恨有加……”（第 169 页）。此外，可关注心身分离的心理病理学研究，参见斯科特（1949）和温尼科特（1945、1949）。——原注

式去感受自己与他人及世界的联系，既然如此，应该依据个体的感受来考察两种可能性。

身体化的人感到自己有血有肉，筋腱骨骼俱全，体会到生物学上的活力，晓得自己真实不虚。他完全“内在于”（in）他的身体，会因此感受自身在时间中的延续。他会感知各种威胁身体的危险：攻击、伤害、疾病、衰朽、死亡等等。身体的欲望与他纠结不清，让他时时面对身体的满足或挫折。个体因而具备了生活的起点，身体为他提供了与人交往的基础。

不过，对于身体化的人，尽管其存在未被分离为“心”与身，仍可能遭受其他不同形式的分离。而且，就某些情况而言，相比程度不同的非身体化个体，其生存状态更加危险。这是因为，非身体化倾向的个体，常常具备心灵神圣、不可凌辱的价值观，而身体化倾向的个体，恰好缺少这种价值观，所以，一旦遭受身体伤害，他们就会面临重大考验。

例如，某位患者，曾因精神分裂两度长期住院，给我讲过他的一次遭遇，从中得以了解他面对攻击的反应；其时他神志清醒。一天夜里，他路经一条小巷，两个男人迎面而来，擦身而过的一瞬，其中一人猛然抡起一根棍子朝他打来；虽未击中，却令他大吃一惊。一个踉跄之后，他恢复过来，赤手空拳还击对方。68
一阵打斗，那两人转身跑开了。

这场遭遇中，我们感兴趣的，是主人公面对突发事件的反应。面对突然袭击，他的第一反应是大吃一惊。紧接着，惊恐未过，他就在想，这两人袭击他，真是太无聊了，因为他身上并未带钱，他们徒然行凶，注定什么也捞不到。“他们充其量打我一顿，并不能给我带来真正的伤害！”也就是说，他认为，任何身体上的伤害，对于他，都不是真正的伤害。当然，某种意义上，这是一种大智大慧的态度，例如，苏格拉底就坚持认为，善良的人不可能受到伤害。回到我们的主人公，“他”和他的“身体”相分离，所以，面对突然袭击，他害怕的程度，远远不像一般人。他认为，他并没有什么真正重要的拥有，可以在袭击中失去。然而吊诡的是，另一方面，在日常生活中，这位主人公当时虽未发病，内心却充满焦虑，其程度超乎常人想象。一般而言，身体化的常人，全然纠结于身体的各种欲望、需要和行动，也要面对从中产生的罪感与焦虑，还要面对身体的挫折、打击、满足或快乐。存在于这样的身体之中，免不了自责，而这份自责可能难以承受。这样一种身体化，无法防御绝望和虚空的袭击。事实上，我们难以回避身体的衰残、腐败和必死；身体之外，我们仍须叩问自己是谁。总而言之，身体化的自己（body-self）绝非坚不可摧的堡垒；事实上，它难以抗拒存在性怀疑，无法抵挡不确定性的入侵；更不用说，身体化的自己，其本身也面临着精神病爆发的危险。相反的倾向：自身存在被分离为非身体化和身体化两部分，这样一种非身体化，与上述完全身体化相比，并不更容易导致精神病。换句话说，完全的身体化也并非精神健全的标志和保障。

也就是说，即便个体真正以身体为基础（即身体化），也绝不能断言他是完整的人。不过，以身体为基础的生活，至少为个体提供了一个完整的出发点。由此出发，会导致各种可能性。而自己与身体相分离的个体，则只能经历另一些不同的可能性。

非身体化的自己

在非身体化状态中，个体感到自己与身体分离，程度因人而异；身体只是一个客体，与外界客体无异，而非自己存在之所系。相反，身体成为某个假自己（false self）之所在，而非真自己（true self）之所系。在此情形，个体之“内在的”“真正的”自己遭遇非身体化的命运，被分离出来，很可能从旁观望着假自己，或体贴，或谐谑，或厌恶，不一而足，因人而异。

自己与身体如此分离，形成的非身体化自己（unembodied self），无法直接参与各项现实活动，因为这些活动需要身体作为中介，包括身体的知觉、感觉和运动（表情、姿势、话语、行动等），无可替代。其结果，非身体化的自己，作为所有身体行为的观望者，却无法直接参与其中，而只能观察、控制和批评身体的经验和行为，从事通常所谓的纯“精神”活动。

概而言之：

非身体化自己成为一种过度意识（hyper-conscious）。

它试图设定自己的无意识意象（imagos）。

它与自己和身体的关系，可能极为复杂。

目前，对于身体化的个体，已有大量心理病理学研究；然而，少有研究者关注严重心－身分离的个体。不错，有人研究自己与身体的暂时分离，这些分离被研究者视为正常。研究者的出发点是常态的身体化自己，只是因压力发生了暂时的分离，当压力解除，自然恢复到常态的身体化状态。不过，这类研究无法回应本书提出的问题。

一个“边缘性”案例——戴维（David）

本节将给出关于戴维的客观描述，尽可能不加评论，因为我希望读者明白，戴维这样的人，连同他们的人生难题，并非我自
70 己的发明，而是现实的存在。此外，本节的戴维案例，也是探讨下节理论的前提。

初遇戴维，他年方十八，独生子。他十岁丧母，此后与父亲相依为命。念完中学，戴维考入大学攻读哲学。哲学老师发现他行为异常，建议父亲赶快让儿子去看精神病医生，虽然父亲认为儿子一切正常。戴维显然沉溺于幻觉，行为怪异。例如，他穿着长风衣来上课，全身遮得严严实实；有时又拎着一根手杖；言行举止格外做作，说话多半是背诵语录。

父亲对儿子的介绍相当空泛。他认为戴维一直正常，最近的异常无非是青春期的反应。他说，戴维始终是个好孩子，听话，从不惹麻烦。母亲爱他全心全意，他对母亲则依恋有加；母亲去世的时候，他表现得“非常勇敢”，协助父亲料理家务、做饭、购买食品等。此后——父亲介绍说——戴维“取代”了母亲，学母亲的“样儿”，乃至以母亲的审美审视、布置家中的装饰。关

于这类事情，父亲谈起来赞许有加。

举止怪异的戴维，酷似丹尼·凯（Danny Kaye）扮演的青年克尔凯郭尔：头发太长，衣领太大，裤子太短，鞋太大！而且，还披着剧院里买来的二手长风衣，拎着手杖！他岂止怪异，在我看来，他是在扮演怪异——他一手策划、导演了自己的系列表演。但问题是：为什么别人不这样，单单是他戴维呢？[1]

事实上，戴维的确是一位相当老练的演员。至少，自母亲去世，他就开始扮演不同的角色。母亲尚未去世，他就声称：“我无非是她所希望看到的样子。”关于母亲去世，他说：“我只记得，我当时其实很高兴。也许我事实上有点难过，不管怎样，我愿意这样想。”直到母亲去世，他未能成为自己，而仅仅是母亲 71
所希望看到的样子。然而，母亲死后，他同样难以成为自己，或者说，并不更容易成为自己。在他的成长过程中，戴维所谓的“自己”和他的“人格”被分离开来，而且完全被他视为理所当然、非此莫属。此事他从未有机会加以严肃的审视，也不晓得其他可能的生命状态。据此，他理所当然认为，其他人跟他大同小异，没有两样。基于自己这样一种经验，他形成自己的人性观念：每个人都是演员。这一确定的人性观念或假定支配了戴维的生活。对于我们理解戴维，这一点非常重要。正是这一点，使他很容易成为母亲希望看到的样子，因为他所有的行为都属于他正在扮演的这一部分或那一部分。如果说这些行动最终属于他自

1 特里林写下优秀短篇小说《此时彼地》，小说中有一位“特尔丁”，不过，戴维并不像特尔丁。——原注

己，那也仅仅是属于一个“假自己”。这个假自己，其行为遵从她的（her，即戴维母亲的）意愿，而不是戴维自己的意愿。

戴维的自己，从未通过其行为直接表现出来。看来，从婴儿期的成长开始，一方面，他表现出“他的自己”（own self），另一方面，他表现出“母亲所希望看到的样子”，即他的“人格”。以此为基础，戴维分离了他的自己（只有他自己知道这个自己）和别人眼中的自己，这是他作为演员的人生目标，为此，他殚精竭虑。另一方面，戴维羞涩、敏感、脆弱，身不由己，深受其害，也加剧了他的上述分裂。他发现，扮演某一角色，多少有助于克服羞涩、敏感和脆弱。他自我安慰说：无论自己做什么，都不代表真正的自己。换句话说，戴维无意识运用了前面论及的防御机制：他强化了引发焦虑的条件，试图借此缓解焦虑。

要点在于，戴维内心念念不忘：他在扮演角色。通常，他晓得自己是在扮演别人；然而，有时他也扮演自己的某个部分。需要注意的是，此时，他并非简单自然做回自己，而是扮演（playing at）自己。事实上，他内心的想法是：绝不向他人暴露自己。其结果，对于旁人，他的扮演转弯抹角、暧昧可疑，但对他自己而言，他内心的想法完全坦诚、真实无欺。

72 戴维的整个存在方式，其基础，乃是内部“自己”与外部“人格”的分离。值得注意的是，有几年，戴维的“人格”，即他在人群中怪异的扮演，相对平静、正常，但其内部“自己”与外部“人格”的分离一如既往。

透过表象，我们看到这样的事实：戴维的“人格”，大体上是一系列角色扮演，并未表达其真实的自己。戴维认为，中学时期，他主要扮演一位早慧的中学生，聪明过人，但多少有点冷漠。不过，据他说，到十五岁，他觉得这一角色行不通了，因为“它（It）说话很讨厌”。于是，他决定对此角色加以修改，使之招人喜欢，“以期理想效果”。

为了维护自己的存在，戴维不懈努力，却不幸遭遇两种危险。第一种危险是：他的扮演竟会不知不觉自然起来。本来，作为扮演者，他希望与角色始终保持距离，这样他才是情节的主人，凭借清醒的意识，控制动作表情，准确把握扮演效果。因而，扮演变得自然，就意味着愚蠢、可怜，与扮演的初衷南辕北辙。不过，这第一种危险，戴维并不太担心。让他感到棘手的是第二种危险，它威胁戴维的整个生存策略，随时可能使其崩溃。对此，他无可奈何，只好抱怨。事实上，他真正向我抱怨的，正是这第二种危险。

原来，从童年开始，戴维就喜欢面对镜子扮演角色，沉迷其中。但是，到今天，对镜扮演之际，戴维发现自己渐渐沉浸于一种特殊的角色，而且他发现，只要扮演这种特殊角色，他的扮演就不知不觉自然起来。这种特殊的角色就是女人；而且，要命的是，戴维认为，这刚好是他的毁灭。镜子面前，他穿母亲留下的服饰，扮成著名悲剧中的女性形象。渐渐地，他感到身不由己：不仅走路、说话像女人，甚至观察、思考也像女人。戴维解释说，眼下，他之所以奇装异服、行为古怪，正是为了抵抗上述沉迷。他说，他感到，唯其如此，才能阻止自己深陷女性角色。这

些角色否定他深切的渴望，使他无法把握和控制自己的存在，最
73 终结果，不仅要吞没他的行动，甚至还要吞没他“自己的”自己（his 'own' self ）。戴维说，他厌恨自己眼下风衣 – 手杖式的角色，也晓得别人心里都在笑他，只是，他已然身不由己。因为他认为，唯有这一“类精神分裂”的角色可以保护自己，免于被那位内在的女性完全吞没，她不仅内在于戴维自己，而且随时可能跃然而出。

以下我们将以戴维为“典型”，对相关个体展开讨论。要理解这类个体，必须深入戴维所体现的“类精神分裂”组织系统之细节。为此，我们必须详尽描述戴维病案各个方面：戴维“自己的”自己之性质；这一自己与戴维“人格”之关系；“自身意识”（self-conscious）和“脆弱”（vulnerable）对于戴维的重要性；他精心进行人格模仿的意义；以及，最后，一个异己的“人格”如何让它自己（或她自己）成功入侵戴维的“人格”，这一入侵显然属于自发，不受戴维控制，反而威胁他“自己的”自己（his 'own' self）之生存。

戴维所谓他“自己的”自己（his 'own' self）及其“人格”之间，存在着根本的分离。我们的研究绕不开这一分离，会一次次反复遭遇这一分离。戴维这类个体认为,他们所谓“自己的”“内在的”“真正的”“真实的”自己，与他们所有可观察的行为相分离，或者说，与戴维所谓的“人格”相分离。为方便起见，不妨把他们的“人格”称为“假自己”或“假自己系统”。我之所以提出假自己系统 (false-self system)，乃是因为：这类个体拥有自

已的“人格”、假自己、面具、“模样”、角色等等，它们可能存在于“各部分自己”（various part-selves）的混合体之中，然而，它们都无法充分发展，形成完整的“人格”。仔细了解这类个体，不难发现，他们的各种可观察行为，可能包括呕心沥血的人格模仿，并伴随各种可能的强迫性行为。在他们身上，研究者可明确观察的，并非单个的假自己，而是若干“自己之碎片”[fragments（of self）] 的组合，其中有些组合出于精心炮制。这些组合中，任一成分如果得到充分发展，就可能形成人格。正因为如此，这样一种由部分构成的整体，我建议称为假自己系统，也可称为：假自己所组成的系统（a system of false selves）。

如果“自己”存在于这样一种“类精神分裂”组织系统，一般而言，就是一个非身体化的自己，程度因人而异。这样的自己，作为一种精神实体，进入了克尔凯郭尔所谓的“封闭”状 74
态。在此状态，个体的行为无法表达个体的自己。这些行为出于戴维所谓“人格”、我所谓假自己系统，总体分裂，部分自主。其间，自己并未觉得参与了假自己的行为；与此同时，假自己的行为显得越来越虚，越来越假。另一方面，自己自我封闭，以“真正的”自己自居，而将其面具人格视为虚假的自己。其结果，个体开始抱怨自己的虚假不真、被动僵死、脱离现实，致使生活难以为继。不幸的是，个体越是抱怨，越是每况愈下。事实上，在生存论看来，个体的抱怨完全正确。这个自己具有高度的自我意识，一般而言，总是以高度批判的姿态，从旁监视着假自己。可是，另一方面，作为一个假自己或面具人格的组织系统，其极为缺憾的特征之一刚好是：它几乎完全不具备深思熟虑的意识，包括自我意识。然而，事情的关键是，假自己系统会全面扩张，或者其中某部分会扩张，让自己感到危险（参见戴维对女性角色的恐惧）。最终，个体必然产生可怕的“自身意识”——按本书第七章，“自身意识”也可用来刻画反向的情况，描述被他人（other）所监视的感觉。

上述亦表明，个体与他自己的关系具有不同的层面，不同层面之间又会发生关系，这些关系的变化，复又始终关联于个体与他人的人际关系（inter-personal relationships）。凡此等等，异常复杂，迥别于人与人之间的关系。

就此而言，个体的自身关系变成一种假人际关系，个体的自己把过去生活中的他人加以非人化，再把自身各种假自己当成这样的他人。戴维就是典型的例子，他身不由己扮演厌恶的角色，同时抱怨“它（It）说话很讨厌”。从所扮演的角色中，个体的自己由内向外，监视角色的虚假言行，像旁观者一样心生厌恶。凡此等等泄露了一个企图：个体渴望完全不依赖任何外部人事关系，转而无中生有地在自己内部进行创建。个体在自身内部创造了一个小宇宙，这是一个内在的“世界”，自闭、隐秘，然而纯
75 属虚幻，完全无法面对人类共有的世界，这个唯一现实的世界。事实上，正因为如此，精神病学才有了存在的必要。

概而言之，某种意义上，这样一位类精神分裂个体，殚精竭虑，试图囿于自身存在而无所不能，他害怕卷入与他人的关系——这种关系需要创建，需要面对他人和外部世界且付出有效

的努力。这样的个体会觉得自己就是一切，这当然纯属幻想，完全不切实际，却在孤独中实现了自控、自足和自由，让真自己（the true self）感到安全。

不用说，这一投射性的防御机制必然有其弊端。首先，一种虚假不真的希望，必然导致持续的绝望。其次，幻灭感持续而痛苦，这是不可避免的结果。这是因为：一方面，隐蔽、封闭的自己参与了假自己系统的各种准自主性（quasi-autonomous activities）活动；另一方面，它又不承认这种参与（除非像戴维那样表现为别的面具人格），因而，这样一个自己，只能获得一种纯粹"精神（病）的"存在。进而言之，这个自己因其封闭、孤立，无法借助外部经验而发展、丰富，整个内部世界将日渐贫乏、每况愈下，直至个体完全幻灭，自觉虚空一团。这意味着，全能感和万有感，以及无能感和虚无感，原来是不二的两面。具体而言，在某一时刻，个体感觉自己"超越"生活，它在那儿运行，平庸可怜，不堪面对他这儿内在的丰盛；可是，换个时候，个体内在的死亡如此可怕，令他强烈渴望重新进入（inside）生活，或者说，让生活进入自己。

这样一种类精神分裂个体，他们遭受各种焦虑的折磨，这些焦虑的本质，即是他们关键的人格特征，我们必须善加理解。这些焦虑的某些表现形式，如吞没、爆塌等，前面已有刻画。前面还描述过畏惧：我们害怕丧失内在自主性，害怕丧失自由。前面还指出了畏惧的本质：害怕由自主的人变成事物，变成机械、石头或它（it），或者说，害怕被僵化。

前面还研究过，类精神分裂组织系统及其发展，怎样强化了这些焦虑。

前面指出，自己可能部分放弃身体及其行动，退入纯粹的精神状态。此时，它自觉是一个实体，存在于身体某处。我们已经
76 指出，在个体看来，他的自己与他人的任何一种关系，都会威胁其身份。面对这种威胁，个体将竭力维持其自己的存在，这种努力的一部分，就是退入纯粹的精神状态。只有在这种隐蔽和孤独的状态下，个体的自己才会感到安全。不用说，这样的自己，无论他人是否在场，它随时都能进入孤独状态。

然而，这一切无法解决问题。

面对他人的目光，相比一般人，类精神分裂患者更不堪被审视、暴露，更感“脆弱”。有可能，一开始，他尚未尖锐意识到他人的审视［即所谓“自身意识”，(self-conscious)］。这种情况下，他可能暂时得以避免自己的焦虑被他人发现，所借助的方式，以下两者取其一：要么假以冷漠；要么把他人变为事物，进而把自己对应的感情非人化和客体化。两种方式密切相关，但并不完全相同。被非人化的他人，可能被患者加以使用、操作等。本书第一章业已指出，就其基本特征而言，人有主体性，事物没有，所以，事物无法与人互动。所谓假以冷漠，意思是说，面对当前人事，患者漫不经心、麻木不仁，仿佛与己无关，甚至根本不存在。本来，即便缺乏主体性，一个人也自有其意义，一件事物亦然。然而，若假以冷漠，人和事的意义荡然无存。古希腊神话中，英雄珀尔修斯即以僵化为武器，让敌人变为石头，消灭敌

人。[1]确实，僵化是消灭敌人的一种手段。对于自身生存，如果我们有充分的自信，就不会害怕别人的目光把我们当“东西”，而不是当人看；或者说，对于“正常的”个体，被别人视为“东西”，并非灾难性的威胁。不幸的是，类精神分裂个体不在此列。对于类精神分裂个体，他人每道目光仿佛都来自美杜莎之头，隐含着森然可怕的力量，威胁他风雨飘摇的内在生命，使他感到毁灭的危险。唯其如此，他才先发制人，僵化他人，使他人变成石头，借此让自己免于被僵化，多少赢得所需要的安全感。

概而言之，类精神分裂个体，其努力，并未用于防范非身体化的危险。宁可说，他的努力全部用来维护他的自己（self），而
这种维护，我们业已指出，不稳定、不可靠、无保障、风雨飘 77
摇。非在（non-entity）的危险令他惶惶不可终日，他害怕消失于非在，陷于“混乱的非在”（chaotic non-entity）——如威廉·布莱克[2]所说——这是人的绝境。他的自主性遭遇吞没焦虑的威胁。他不得不保卫自己，以免丧失主体性和生命力。悲剧的对比在于：他自觉空虚，所以，现实中他人的饱满、实在、生动，就形成致命的冲击，超出他可以驾驭的范围，随时可能发展为爆塌，彻底压垮和否定他的自己；就好像水流注满水库，或者说，空气突然涌入，否定了原来的真空。他人现实、生动，类精神分裂个

1 古希腊神话，海妖美杜莎的目光可以把人变成石头。宙斯之子珀尔修斯（Perseus）先是杀死美杜莎，再割下她的头，假借她的目光，把海怪塞特斯（Cetus）变成石头。——译注

2 威廉·布莱克（William Blake, 1757—1827），英国诗人、水彩画家、版画家、虔诚的基督徒，关注灵魂与生存问题。——译注

体害怕与他人建立现实、生动的互动对话关系。他只能先将他人非人化，然后建立相应的关系。概而言之，他只能与自己幻想的产物（phantasies, 或无意识意象 imagos）——物或动物——建立关系。

综上，我们认为，我们所描述的类精神分裂状态，可以理解为这样一种企图：企图维护一种结构不稳定的存在。后面我们将进一步指出，一般而言，存在的基本要素和基本结构，在童年早期已然发生、形成。正常情况下，这些基本结构和基本要素（如时间的连续性，自己与非自己的区分，幻想与现实的区分，等等）具有确定的稳定性，被视为理所当然，以此为基础，“人格”中数量可观的弹性成分得以存在。不幸的是，在类精神分裂人格结构中，个体竭力试图落实存在的基础，寻求超结构（super-structure）的苛严补偿，结果适得其反，个体始终陷于存在性不安。

既然整体存在无法得到保护，那么，凭着既有的内部防御机制，个体将退缩到底。为了维护他的“自己”，个体将不惜否定一切。悲剧在于，如此保卫自己，实是在摧毁自己。在精神分裂状态中，明显的、实际的破坏和解体，非因外部敌人（无论出于现实或幻想）的打击，而是内部防御机制本身的毁灭性。

第五章

类精神分裂的内自己（inner self）

你可以逃避这世上的痛苦，这是你的自由，也与你的天性相符。但或许，准确地说，你唯一能逃避的，只是这逃避本身。

——弗兰茨·卡夫卡

此处所描述的类精神分裂状态，在个体的自己与身体之间，存在着一种持续的分裂。个体所谓的真实的自己，体现为非身体化状态，程度不论；相反，身体的经验和行为，体现为假自己系统的成分。

上述分裂之两大要素，有必要分别深入考察，两者之间的关系亦然。我们先考察精神的自己，或曰非身体化的自己。

大家知道，在普通人身上，也会发生自己与身体的暂时分离。一般而言，假如被封闭于某种威胁性的时空，生理上又没有逃避的可能，那么，大多数人都会产生自己与身体的暂时分离。例如，集中营的囚犯就会借此维系生存。因为，无论空间上，还是时间上，他们都看不到出路，唯一的出路是一种生理上的撤退："脱离"身体，"进入"自己。作为一种特征，这种分离通常伴随着如下的想法："这像是梦""肯定不是真的""我不相信这是真的""看上去没什么嘛""我无法相信""这与我无关"，等等。换句话说，当事人会经历心理上的疏离、现实感的丧失。此时，身体跟平时一样，继续各种外部行为，内心却感到这些行为各行其是，机械而强迫。

上述经验具有梦一般的性质，虚幻而机械，然而，当事人的自己却远未"休眠"，相反格外警觉，思考和观察也可能特别
79 清醒。

并非偶然，自己与身体的暂时分离，可以反映在日常的睡梦中。

一位少女，年方十九，出于某些原因，恐惧即将来临的婚姻。婚礼日益迫近，她梦见自己坐在一辆轿车的后座，前座并无司机，轿车却自己往前行驶。往下我们会看到，就严格的临床标准而言，这位少女并非类精神分裂个体，但是，她这个梦境显示，面对特殊情况，她做出了类精神分裂的防御反应。

男士 R，接受心理治疗前不久，做了一个梦：自己站在公交车的上车踏板上，发现公交车无人驾驶，旋即跳离，公交车径自

前行，稍后撞得粉碎。经四个月的心理治疗，他另做一梦："我梦见自己正在追赶一辆公交车。恍然间，竟发现自己站在上车的踏板上；与此同时，自己仍在车后一路追赶。我拼命想要追上自己，公交车却跑得比我快。我害怕极了。"我们情不自禁要把这个梦理解为一个度量，显示我们希望看到的某种转变。

可以举出丰富的例子，来说明上述暂时性的分离，它实在是一种常见的心理经验。某些时候，它被有意诱发（intentionally induced），更多时候，它超乎个体控制。就常人而言，它属于一种临时反应，以便处理特定的危险情境，危险消除即恢复常态。然而，就此处所论的患者而言，事情就不会如此简单了，对于他们，自己与身体的分离，不幸成为他们生活的常态。对于常人而言，他们不幸坠入一种非常态的生活。

追溯这些患者的生活史，不难发现，上述非常态的生活，从分娩几个月之内就开始了，其时，所论分离已然形成、发展。需要指出的是，即便"正常"个体，倘若置身威胁性的存在处境，且无可回避，也会陷于类精神分裂状态，会尝试从身体或精神上摆脱该处境。该个体会变成一位心理观察者（mental observer），观望自己身体的行为及遭遇，超然而冷漠。"正常"个体尚且如此，遑论那些人，他们的存在（being-in-the-world）不幸陷于分裂状态而无法自拔，他们（如果不是我们的话）会感到，自身存在方方面面遭到世界的威胁，无可幸免。对于他们，世界是无形的牢狱、没有铁丝网的集中营。这是他们的命运。

以妄想症患者为例。他们有自己特别的困境。他们始终觉得

有人跟自己作对，诸如：有人在密谋窃取他的大脑；有人在卧室
80 墙内藏了一台机器，发射脑电波，软化他的脑子；有人预谋趁他睡熟实施电击；等等。在这种状态中，他们觉得现实本身即危险。对于他们，世界和他人，本身就是危险。

于是，他们的自己着手寻求安全感，努力凭借的手段，正是非身体化！他们试图通过非身体化的存在，超越这个危险的世界。然而，在此过程中，自己会渐渐感到脱离了一切经验和行动，最终成为一个虚空。一切在彼，在外部；相形之下，此身虚废，内部空无一物。更严重的是，这种虚无空洞之感，并未缓减他们拒绝世界的初衷，反而强化了自己对世界的恐惧：正因为此身空废，世界具足，所以恐惧被世界压倒、吞没。悲剧的是，与此同时，自己很可能极度渴望参与世界。事情不幸就是这样：自己最大的渴望，反而表现为最大的软弱；与此同时，自己又极度害怕屈服于这一软弱，害怕因参与世界而被否定、吞没，从而失去身份。对于他们，这种身份象征着自己的超越——哪怕这是一种虚空中的超越。

自己的这种内在分裂意味着，它从未直接显示于个体的各种表达和行动，也从未获得任何自发的或当下的经验。自己与他人的关系始终保持一个僵硬不变的距离。基于这样一种基本的知觉和行动方式，自己与他人、世界之间，任何直接和当下的关系，全然虚假无用，了无意义。让我们借助图解，描述两种不同的状态，自己与外界的关系必然遵循其中一种。

图一显示第一种状态：自己能够真实感知客体，体现生动的

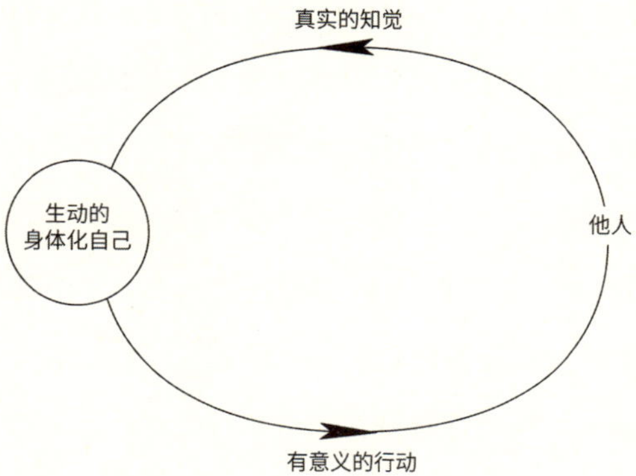

图一

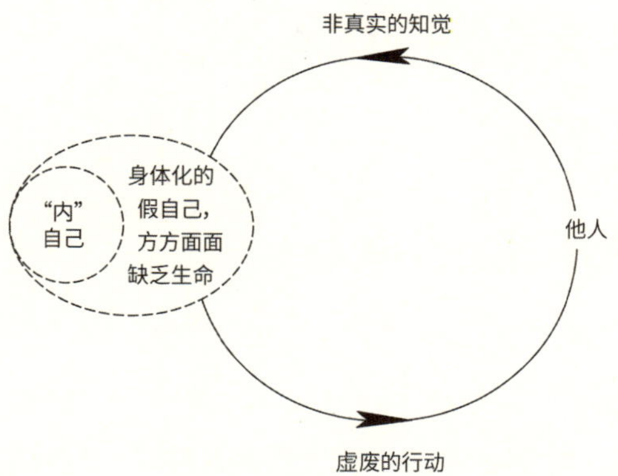

图二

思想感情，切合要点，承诺现实的行动。

图二显示另一种状态：个体把自己与他人的所有交往都推诿于一个系统。这个系统包括在他的存在之内，但并不等于“他”。这个系统只能经历不真实的世界。这个系统中的一切，无不令人感觉虚假、空废、无意义。

图二显示的这种虚废、无意义、无目的，其实是一种常见的心态，每个人都有所体会，此一时彼一时，程度因人而异。但是，对于类精神分裂个体，这种心态特别强烈且持久，其成因由
82 图二可见：假自己僭越了自己，使之无法掌握知觉或行动的通道，反而被假自己所控制。这个假自己，作为一个系统，其相关部分与“真”自己分离；它介于个体与他人和世界之间，阻碍、排斥真自己的直接参与，其必然结果就是：知觉虚幻，行动空虚。于是，个体自己的存在呈现虚假的二重性，他不以完整的自己与世界打交道，相反，他推诿自己与外界人事的当下联系，部分地放弃自己的存在。不妨借公式说明如下：

在正常状态中，个体与他人对应的关系应该是：

（自己 / 身体） ⇌ 他人

但对于类精神分裂症个体而言，情况却是：

自己 ⇌ （身体 — 他人）

也就是说，自己未能与现实人事建立直接关系。一旦这种情况发生，患者的自己就会起而维护其感知，努力保持真实、生动、身份感。

再对比图一、图二。在图一所示的常态中，我们看到一种良性循环：自己与他人建立了直接关系，世界的现实和自己的现实彼此强化。但是，在图二中，我们看到一种恶性循环：一切人事，每况愈下，越来越虚假、僵死；爱无法实现，恐惧取

而代之；最终，一切人事淤塞于一个死结，停滞不前，个体深陷绝望。眼前一切死寂，无运动之物，无生动之物，连自己本身也无法幸免，反而为分离所阻，无法拥有饱满的经验，与真实、生动无缘。个体无法经历常态的良性循环：自己与他人彼此强化、互相丰富，形成创造性的关系；相反，个体只能凭借条件反射，做出机械反应，勉强奏效一时，暂可维护稳定，却不可持续，因为缺乏有生命力的关系，所以没有“生命力”。常态的我－你（I-thou）关系无法维系，取而代之的，是一种“准－它－它”（quasi-it-it）反应，这种反应只能导向毁灭。

此时，内自己（inner self）试图寻求确定的（明显的）补偿。本来，这样的内自己，怀有某些观念、希望或幻想，内心的真诚 83
即为其一。这种内心的真诚，已见于前面第四章的戴维案例。戴维与他人的交往尽是伪装、暧昧、虚伪，于是他转而追求一种自身关系，其中满满的真诚、坦率，一丝不苟。或许，所有的事情都须隐瞒他人，但没有必要隐瞒自己。在此过程中，自己企图把自身变成“一种关系，把自己和自身联系起来”；[1] 与此同时，自己排斥一切身外人事。由此引起自己内部进一步的分裂。个体的存在分裂为“真”“假”自己，如前所述，两者皆虚假不真，并且，皆于自身之内破碎，成为新的亚系统（sub-systems）。于是，在自己与它自身的关系中，第二种二重性暴露出来：因着内自己的进一步分裂，导致它与自身的一种施虐－受虐关系。此时，

1 克尔凯郭尔，《致死的疾病》（*The Sickness unto Death*，1954 年版）；不过，此处引用表达的意思，已然迥异于克尔凯郭尔的本意。——原注

恶性循环可能达到这样的地步：内自己有丧失其身份的危险，不幸在于，这身份是内自己的先决条件——前面业已指出，内自己之所以产生，是为把握不稳定的身份感（关于这一点，本书有相关的临床解释，请特别参考萝丝案例）。

个体既然逃避与他人的互动，必然陷入提心吊胆的生活，恐惧得不到爱的缓解，个体害怕周围一切。对于他，任何一种外部冲击，可能都意味着毁灭，令他感到爆塌、洞穿、破碎和吞没的危险。他的恐惧涵盖方方面面：自己有什么暴露出来了，身上有什么“走了”“这件事情会害了我”……一句话，他恐惧自己被榨取、抽空、吸干、耗尽、用完。

所以，个体的自己希望掌控这一切，由此产生的必然结果，是自己的孤独。他宁可偷取，也不愿接受给予，更害怕自己被他人“偷取”。典型的例子见于戴维，我们应该记得，戴维成天耿耿于怀：谁（或者什么）进入了自己？谁（或者什么）离开了自己？为此防不胜防。我们业已指出，如此防御系统，出于个体的惨淡经营，企图弥补存在性安全感的缺失。确信自身存在的个体无需这样的防御系统。然而，类精神分裂个体无法确信自身存在，相反，他试图从自身内部遥控外部人与人的直接互动，以便
84 维系一个超越性的自己（a transcendent self），使之远离危险。但事与愿违，由此导致的伤害，会远远超过得到的好处。

这样的自己，处于孤立、分离状态，无法承诺与他人的创造性关系，相反，它受制于各种先入为主的幻觉、思想、记忆等（无意识意象），这些意象无法直接向他人表达。因此，某个意义

上，对于这样的自己，一切皆无可能。假自己系统的任何成败，皆无关于这个自己。它可以幻想自己是任何人，超越时空，无所不能，拥有一切，绝对自由……幻想归幻想，一旦涉及任何具体人事，个体就会饱受痛苦和屈辱。如此必然结果，并非因为错误和失败，而是因为自己无法面对现实世界的种种必然和意外，所以自己放弃，并反被控制。无所不能和自由自在的幻想，属于饮鸩止渴，越是沉溺其中，越是软弱、无助、无能。这样的幻想只能维系于自己巫术般的封闭性，只有与现实分离，免于任何打扰，才可能得以维系。

萨特著有《想象的心理学》，对于上述分裂，给出了精彩的刻画（1950，第165—166页）：

> ……从我们自身内部，可以辨认出两种不同的自己：现实的自己和幻想的自己，后者怀有各种意向和欲望。对于幻想的自己，存在着各种幻想的施虐和受虐倾向，相当于不同的人格激烈碰撞。每当接触现实，幻想的自己瞬间碎裂、消失，让位于现实的自己。就其性质而言，两种自己不可能并存；它们是两种不同的客体，各有其感觉和行动系统，完全没有共通之处。
>
> 因而，可以认为，不同的个体可以分为两种类型，分类的依据是个体的生存趋向：趋向幻想的生活，抑或趋向现实的生活。然而，分类之前，需要确定幻想型生活的标志，就此应作深入思考，比简单的比较和选择走得更远一些。例

> 如，我们不应误解通常的精神分裂患者与病态的梦幻者，他们并非要用幻想和欲望取代他们生活的现实，也不是借其幻想以假代真，试图忘记幻想客体的虚幻性质，投入现实的情感反应。不！喜欢幻想型的生活，并不像常人喜欢财富、美
> 85 女和奢欲那样，简单地忘记它们的虚幻本质就行了。不！喜欢幻想型的生活，格外需要投入“幻想的”感受、感情和行动，为着它们虚幻的本质。喜欢幻想型的生活，不单是选择哪种幻想的问题，更在于幻想的状态。这种状态体现于事事处处、方方面面。问题不仅仅是逃避现实的内容（贫穷、受挫的爱情、事业的失败等等），而且是逃避关于现实的形式，它呈现的特征，要求我们所做出的反应，我们自身行为对客体的适应，逃避无休无止的知觉和它们的自主性，逃避我们感觉系统的自我发展、自成一体。

幻想和现实之间的这种分裂，正是明可夫斯基关于自闭症概念的核心。

然而，问题在于，当个体脱离现实，生活于幻想，他自身就会不真实。对他而言，实际的“世界”变得萎缩而贫乏。“现实的”物质世界和他人不再是创造性幻想的源泉，反之，其自身意义渐渐丧失，每况愈下。幻想本身呢，由于它终归不切实际，无法从“现实”汲取营养丰富自己，愈益涣散、空洞。“自己”本身呢，它与现实的联系本已薄弱，又不幸卷入与自身幻象（无意识意象）的幻想型关系，卷入越深，越不现实，越虚幻不真。

在幻想和现实之间，如果缺乏开放性回路，幻想就会失去限制。另一方面，如果缺乏补偿性修复的意愿，个体的罪感就会淡化，不再急于回到常态。此时，个体将在幻想中走向崩溃，其进程愈演愈烈，无法控制，直到世界和自己一道，在幻想中化为灰烬。事实上，在类精神分裂状态，世界是一片废墟，而自己（显然地）死了。无论怎样的行动，恐怕都无力带来新生。

也就是说，欲望带来相反的后果。荒诞的现实侵凌幻想的天国，[1] 鬼魂行走人间。换句话说，自己的身份再次沦入危险。 86

对于这种情况，说自己只与自身相联系，并不完全正确。这种说法必须从一个方面加以限制，又从另一方面加以引申。前面业已指出，此处所论，是一种直接、当下的关系。这就做出了所需要的限制，因为，这种直接、当下的关系，不可能发生在自己与他人之间，甚至，也不可能发生在自己与他人存在的不同层面（those aspects of the person's own being）之间。

以一位心理患者为例，他的生活表面上还算“正常”，暗中却已然分裂。他一上来就诉苦说：除非另作非分之想，否则他无法与妻子做爱。他的身体与妻子的身体发生关系，然而，他精神的自己（his mental self）却无法融入其中，只能从旁观看，幻想自己正与想象的妻子做爱。这位心理患者深陷罪感，转而寻求精神治疗。[2]

---

1 穆尔（Marianne Moore），《诗集》。——原注

2 此处所论类精神分裂罪感，有关于第八章彼得所经历的罪感。我想指出的是，对于后者，人们迄今未有充分的认识。——原注

这个例子见证了幻想与现实分裂的恶果。自己逃避与现实人事的直接关系，代之以对自己、和对自己的想象。自己能够和客体直接建立关系，而这个客体只是自己的想象和回忆，并非真实的人。需要说明的是，上述过程，个体自身未必完全清楚，他人更是如此。例如，上述心理患者的妻子很难知晓：丈夫自己觉得“他”从未直接与她做爱，丈夫做爱的对象，是对她的无意识意象，碰巧与真实的她相符，但只有丈夫晓得并不是她。

这是一种逃避，其特征之一是：自己能够从中享受自由之感。自己害怕失去这一自由之感，它知道，一旦回归现实，就会丧失这一自由之感。这一点，既体现于知觉，也体现于行动。就知觉而言，以刚才的心理患者为例，做爱是最亲密的身体关系，他却如此孤独。然而，无论多么孤独，他的自己始终享有安全感，毕竟，他可以自由幻想，虽然这份自由最终令他深陷罪感。

就行动而言，也存在同样的问题。在旁人看来，个体的行动
87 出乎内心承诺，显得确切无误。然而，旁人终会看出来，在“他”的行动中，“他”觉得自己并未“真正”做什么。正如上述心理患者所说，“他”知道自己从未“真正”做爱，虽然金赛[1]可能会嘲笑他说，他每周做爱二到四次，十年从未间断。这很像一位患精神病的百万富翁说，他从未“真正”有过什么钱，虽然这个例子另有其微妙的含义。本书第十章将指出：总体上，上述变异的原因在于现实感的丧失——这当然是《金赛性学报告》意义上的

---

1 金赛（Kinsey，1894—1956），美国生物学家，人类性行为研究者，代表作为《金赛性学报告》（*Kinsey Report*，1948 & 1953 年版）。——译注

现实感——然而，一旦这种丧失达到极端，个体对自身“生存”真理的表达，就会像我们一样实事求是，而我们共享一个同一的世界，对相关事实拥有共识。

理解刚才这点，并不很难。例如，上述心理患者原来的说法是：他从未与自己的妻子“真正”做爱。假设他不这样说，而是声称：床上这位与之做爱的女人并非他真正的妻子，那么，人们就会把他看作精神病人，而不仅仅是心理患者。然而，在生存论看来，后面这种说法完全正确；因为，在生存论的意义上，他“真正的”妻子的确不是床上这个女人，而是他自己幻想的产物（幻象或无意识意象）。

事实上，类精神分裂个体身上，存在着一位非身体化的自己，这位自己永远孤独，也无法跟谁真正结婚。当然，需要说明，这种内心的孤独和逃避（non-commitment），可能含有自我欺骗的成分。

类精神分裂个体对行动始终心存疑虑。因为，行动本身意味着某种终极和确定。本质上，行动是对可能性的否定，是对自由的否定。如果无法避免行动，类分裂症患者会让每个行动都表现出令人困惑的性质。他宁可彻底逃避行动，也绝不愿意让“自己”陷身其中。

关于行动，黑格尔早有论述（1949，第349—350页）：

> 行动的本质是直截了当、确切、通用；行动被理解为这样一种整体：脱颖而出，独一无二。行动是谋杀，是偷窃，

是利益，是勇敢，等等，是其所是。它如此这般，不一而足。它的存在不仅仅是一个表征，它是事实本身。它如此这般，而个体则是它之所是。行动是直截了当的事实，个体置身其中；对于他人，他是他本身之所是，带着确定的、普遍的人性，而不仅仅“意味着”这、“假定为”那。无疑，个
88 体并未被迫固守这一精神形式。但是，一旦其存在作为存在成了问题，一旦其存在的身体形态和行动彼此冲突，一旦双方力争成为个体真正的现实，当此之际，具体行为本身就代表了个体真实的存在，而非其形象或形态。此两者，可传递个体行动的“含义”，或者，代言各人所“假定”的具体行为。照此逻辑，另一方面，一旦个体的对外表达受阻，一旦他内在的可能性、能力或意图受挫，那么，具体行为本身，将被个体视为他真正的现实，他不惜在这方面自我欺骗：当他由行动转向“内心”（inner world），发现自己并非行动中之所是，而是别有所图。在行动中，个体不得不承诺充当客观元素（objective element），一旦进入具体行为，无疑置身险境，面临种种可能：被改变、被滥用、被误解等等。然而，唯其如此，行动的本质得以确定，至于具体行为是否整合、落实，是否仅仅假装或“假定为”徒然的外表（早晚会剥落），已然无关紧要。客观化并不改变行动本身；它只表明具体行为是什么，换句话说，只表明它到底有（is）还是无（nothing）。

据此不难理解，为什么类精神分裂的个体如此厌恶行动。黑格尔说得好，行动“直截了当、确切、通用……”，但是，他的自己，却希望自身变得复杂、不确定、独一无二。行动“是其所是”，然而，个体绝不愿意成为任何一种所指，相反，他要确保自己不受把握和控制，绝对自由，超然物外。行动“如此这般，不一而足……它如此这般，而个体则是它之所是”，然而，类精神分裂的个人却不在此列，相反，他竭尽全力逃避行动，因为他害怕在行动中暴露自己的本相：孤弱无助，可怜之极。“行动是直截了当的事实，个体置身其中；对于他人，他是他本身之所是……”，然而，这正是类精神分裂个体最害怕发生的事情，而且，也正是他借助假自己力图逃避的事情，以便使“他”绝非他人眼中的样子。这个“他”，这个“自己”，意味着无休无止的可能性、能力和意图，而行动始终是假自己的产物。对于这样的类精神分裂个体，行动，或具体行为，绝非他真正的现实。他希望永不“对客观元素作承诺”，因而，其具体行为始终属于假装，或者说，至少他自己相信这是假装，是一种预设的表演。与此同时，他还会尽其所能，主动培养“内在的”消极性，把自己所做的一切说成是“徒劳无益”。长此以往，“他”将脱离“客观元素”，无法立足现实、生存于这个世界，“自己”最终了无痕 89
迹。于是，在知觉和行动两方面，自己离开“客观元素”，退回自身。我们知道，不存在自发性的知觉，同理，也不存在自发性的行动。由于个体逃避承担行动，因而，其知觉就显得是要承担行动，借此逃避行动本身，因为，如前所述，行动威胁他自以为拥有的自由，使之暴露出虚无（nothing）的真相。

自己不“对客观元素作承诺”，因而，它得以驰骋梦境，海阔天空。摆脱了客观成分的限制，自己对自身可谓无所不能，赢得了无条件的自由、力量、创造性。但是，它的自由和无所不能，不过是虚空中的儿戏；它的创造性，无非幻想的能力。不错，“内自己”（'inner' self）珍惜其内在的真诚、自由、无所不能，及其创造性，视为宝贵理想；然而与此同时，自己自我欺骗，缺乏真自由，全然无能、荒芜不毛，且交相激化，合力抹杀，令“内自己”痛苦不堪，其宝贵理想最终烟消云散。

有必要强调一下，我关注的要点是：类精神分裂状态怎样发展成为精神病，而非过程中的各种可能性，过于关注这些可能性，或许会误入歧途。不过，我们也不能忘记，在类精神分裂状态的初始阶段，个体精神状态的恶化和解体，也只是一种可能。同理，很清楚，任何人都可能实现真正的自由、力量和创造性。

许多类精神分裂的作家和艺术家，不同程度地远离他人，生活于孤独之中，却与外部人事成功建立了创造性的关系，使之成为艺术创造的源泉。不过，这并非本书主题。本书主要关注类精神分裂状态的发展，针对这个特定的领域开展思考。

让我们回到本书思考的主线。如上所述，类精神分裂个体的自己，貌似自由、无所不能；然而，因它逃避“客观元素”，所以陷于无能，完全没有基于“现实”的自由。与此同时，现实包围着它自己可怜的飞地，在远离现实的状态中，如它自己所觉察，它始终无法摆脱“现实”带来的爆塌焦虑或吞没焦虑；而且，它的注意力虽被自身及其客体所占据，但它仍然非常清楚：它在他人眼中也是一个客体。如前所述，这是类精神分裂防御系统的一种特殊性质，它导致个体悖难处境的持续恶化。 90

当然，上述个体并非没有其他的选择，他可以承认自己脱离了现实，也可以努力重返生活。但是，他防御“现实”的机制，存在着重大的问题。在这种机制中，现实中的危险因素和威胁性质，遭到不断的引申和强化。参与生活并非不可能，但必须承受强烈的焦虑。对此，卡夫卡知之甚深，他说：唯有通过焦虑，他才能参与生活；因此之故，他无法不焦虑。对于类精神分裂个体，直接参与生活会让他遭受持续的威胁：被生活摧毁。因为如前所述，自己的孤独状态其实正是一种努力：自己的自主性和完整性面临威胁，它必须起而维护自身的存在。

也就是说，对于类精神分裂个体，我们只能这样加以理解：他不幸陷于存在性不安，面对着根本性的危险，所以必须努力寻求补偿性的安全感；正是这样一种诉求形成了他的自己。只是需要特别补充说明，个体的存在性不安包含这样一个层面：主观上，一方面，他无法确切感知自身生命力，另一方面，他人威胁着他的存在，但他同样无法确切感知他人的状态。到目前为止，这一层面与他的自己之间，尚未形成特殊的联系。这一问题将在第七章“自身意识”加以更为充分的考虑。

如果与世界建立了自发的、自然的、创造性的关系，就可免于焦虑的束缚。一旦缺乏这种关系，个体的“内自己”就会产生全面的内在贫乏感，直至个体内在生活充满空虚、死寂、冷漠、枯燥、无能、荒凉、无意义等等。例如，个体会强烈地感到想象力和情感生活枯竭。一位患者就此解释说，之所以如此，乃因他决心把自己与现实相隔离。他指出，最终，现实并未给他任何支持，来丰富自己的幻想。

另一位患者则陷于“躁－郁”[1]交替的震荡：头几个月，他觉得浑身充满力量，喷薄欲出；接下来几个月，内心转而一派虚空、死寂。值得指出的是，即便头几个月，力量满满的“躁狂期”，他终会发现，体内喷薄欲出的，无非高压、炽热的空气而

91 已！每念及此，他就开始转入“抑郁期”。类精神分裂个体频繁使用“空气”这类术语谈论自己；无独有偶，现象学也合理使用这些术语，论述个体的自己所感觉到的虚空——自己感到：它自身即是虚空。

上述患者谈及他自己的空虚、无意义、冷漠、荒凉、枯燥，也有可能，他作这样的描述，乃是对比着丰富、有意义、温暖、友谊等等，或者说，他相信世上存在这些美好事物（当然这种信念通常表现为理想化的幻想，未经现实检验）；果真如此的话，患者就会产生可怕的情感冲突。本来，他强烈渴望像他人一样拥有美好事物；可是，到后来，他会发展出疯狂的嫉妒。任何美好事物，如果他人拥有而自己得不到，他会一视同仇，甚至试图破坏世上一切美善、生机、丰盛，当然，也可能反向表现为轻蔑、藐视、反感、漠然等等。

1 “躁狂”与“抑郁”相对，两者交替发生，业界定义为“躁郁症”或“双相情感障碍”，该患者即属此列。——译注

患者内心经历着空洞、贫乏、荒废、虚无，可能会压垮虚幻的全能感，反过来激发巨大的冲动，驱使患者"接触"现实。灵魂，或者说自己，已然荒芜枯竭，因而渴望新的生机；只是，它不仅渴望重新联结分离的存在，而且渴望完全被他人所包容、所占有。

詹姆斯曾经讲述说：一个夏日黄昏，他独自漫步公园，路过一对对情意缠绵的情侣。突然间，一种强烈的感受油然而生：他似乎与整个世界融为一体，包括天空、树木、花草，连同那些情侣。他说，当时他害怕极了，赶紧跑回家里，沉浸到书本之中。詹姆斯自己的说法是：他无权参与这样的经验。但事实远非如此。事实是，詹姆斯感到恐惧，他害怕自己与世界融为一体，因此丧失自己的身份。他知道，要么沉溺自身陷于极端的孤独，要么完全融入世界，两者之间无法折中。他害怕融入自然，被自然吞没，失落自己而无法挽回。吊诡的是，他最畏惧之物，恰好是他最渴望之物。正如霍普金斯[1]所说，红尘美艳，却不胜危险。患者若能借鉴此一忠告，应该不无裨益；不幸的是，我们的患者恰好无法汲取这样的真理。

丰富在彼岸，被个体所渴望；与此相对，虚空在此岸，在个体内部。只是个体晓得：投身红尘而不丧失自身存在，既不充分也不可能。于是，虽然个体的孤独脱离现实，生硬僵化，但他却

1 霍普金斯（G. M. Hopkins，1844—1889），英国维多利亚时代作家，风格独特，诗作综合体现纤细情感、理性力量和宗教虔诚，影响了二十世纪的主流诗人如 T. S. 艾略特、托马斯等。——译注

92 不得不死死抓住这个孤独，因为此乃他命悬一线的身份。个体渴望全然融合；却又恐惧这样的渴望，因为它可能毁灭他的自己。存在的双方如果“意气相投”，必然是相互给予和获取；然而，类精神分裂个体无法面对这样的关系。他不接受互动。[1]

现实中，个体孤独的自己有可能一时丧失，而且，一定情况下，个体也能承受，不至于太焦虑。很有可能，个体把自己失落于音乐欣赏或准神秘主义的体验（quasi-mystical experiences）；其时，自己感到融入了某个非自己（a not-self），也可能是所谓“上帝”。自己渴望借此逃避自身的单调沉闷，但一般而言，它会因此遭遇两种不可克服的障碍：焦虑与罪感，它们正是上述渴望的产物。正如前面反复论及的现象：融入可能导致身份的丧失，引发吞没焦虑。避免这种悲剧的一条出路是窃取（theft）：从他人获取自身渴望之人事，又保持对获取过程的完全控制。

类精神分裂的窃取和被劫幻想，即是上述困境的产物。若是你窃取他人，过程可控，你也不会受所得之物的支配。但问题在于，窃取的意图，会被个体作病态的反推，认为他人也会窃取自己。窃取的欲望会孕育被劫恐惧，其中无意识的逻辑是：经窃取所得之物，又会被他人劫回，两种幻想通常前后相随（参见第九章的萝丝案例）。最终，个体认为，任何自己的拥有，不仅自己

1 柏拉图认定，除非“意气相投”，否则不可能产生友谊。《吕西斯》讨论友谊的可能性，却遭遇了这样的悖论：两位存在者，如果都没有“渴望”，还会诉求于对方吗？类精神分裂个体绕不开这个根本问题：自己已然充实？抑或有所“渴望”？面对这一问题，他们的人生容易触礁沉没。——原注

之所有，而且自身之所是，甚至个体的自己，最终都会失去。因而，精神分裂患者常常声称，他们始终面临着被盗的危险，“自己”被偷走了，甚至，连针对偷窃的防御机制也被偷走了。

就类精神分裂个体而言，自己的自我封闭，其工程的合龙（self-enclosure），取决于自身的罪感。类精神分裂个体的罪感，存在着上述两难困境：全能与无能、自由与奴役、幻想中的无所 93
不是与现实中的一无所是。各种不同的罪感源于个体的存在。该存在分裂为若干不同的“自己”（selves），因此，必须鉴别清楚哪一个自己负有罪感，为什么负有罪感。我这样说，意在强调：类精神分裂个体的所有罪感，都处于相互冲突的状态。一般而言，可以假定，某个罪感也许源于假自己，另一个罪感也许源于内自己。不过需要提醒：假自己系统可能具有各种罪感，或可称为假罪感；然而，面对内自己，我们就需要格外谨慎，以免把它视为“本真”罪感或真正罪感之源。

后面，我将基于临床资料，深入探讨这一问题，此处只作为初略的预备。

类精神分裂个体会相信什么呢？本质上，他只相信自己的毁灭。他的世界只有虚空，所以，他尽可以努力填充这虚空，而不会丧失什么。但他无法相信自己能做到这件事情。在他眼里，无论他自己的还是别人的爱，只会带来毁灭，所以可恨；他人的爱危及他的自己，他的爱对他人一样危险。他之所以孤独，并非完全为他的自己，也出于对他人的考虑。一位精神分裂患者不允许任何人触摸她，她并不担心别人会伤害她，相反，她担心自己会电死他们。这正是精神病的表达方式，属于类精神分裂个体的常态。例如他会说：“我的爱于对方并不公正。”接下来，对于他可能爱及的人或事，他会“在内心”加以摧毁，试图以此保护他（它）们，以免被真正的现实摧毁。对他而言，若世界无所向往、嫉羡，他当然不必强爱；但对世界而言，他的确带不来什么伤害，更无法制造虚空。于是，类精神分裂个体的绝招，无非是谋杀他的“自己”，但这不像刀子抹脖子那么简单。最终，他堕入非在的旋涡来逃避存在，与此同时，也是拼命保护自己的存在。

第六章

假自己系统

“内自己”忙于幻想和观察，全神贯注。它观察知觉和行动的过程。个体的经验对它并不构成直接的冲击（这是个体的本意），就此而言，个体的行动并未表达其自己。这样一来，建立与世界的直接关系这一任务，落到了假自己系统肩上。所以，对于假自己系统的各种基本特征，需要加以讨论。

必须指出，本书对于假自己系统的描述，仅围绕所论主题，针对特殊形式的类精神分裂存在。一般而言，每个人都会切身卷入这样的问题：自己是否“表现真实的本性”？在什么程度上“表现真实的本性”？临床上，如癔症和轻躁狂患者，各自都有虚假的存在方式。然而，本书描述的假自己系统，与“内自己”互补；“内自己”借助超越和非身体化，竭力维护其身份和自由， 95

避免自己被控制、固定、困陷、占有，试图排除任何客观生存，成为纯粹的主体。因此，除了某些确定的、可能的安全场合，对于自身整个客观生存，个体自己会视其为假自己的呈现。当然，前面说过，后面还将深入指出，现实之人，必须拥有两种身份：其一是为他人之身份（identity-for-others），其二是为自己之身份（identity-for-oneself）。而且，更重要的是，两者必须联合，成为一个二维的身份（a two-dimensional identity），同时保证其主观生存和客观生存。反之，如果一个人不具备上述二维身份，而只有一个主观的、为自己之身份，那么，他不可能是现实之人。

一般来说，“不戴面具的人”实属罕见，甚至大可怀疑是否存在。某种意义上，人人都有自己的面具，至少，很多事情，我们并未认真投入，甚至逢场作戏。“日常生活”就是这个样子。

不过，本书希望指出，就某些确定的重要层面，类精神分裂个体的假自己有别于“正常”人的人格面具，也有别于癔症患者特征性的假面（false front）。为避免混淆三种形态的假自己，有必要加以简要的区分。

首先来看“正常”人，他的行动，相当一部分属于机械反应。不过，它们虽然机械，却并不必然涉及个体所有行为，不问青红皂白，排挤个体自然的、自发的表达。同样的道理，它们也不会完全“不近情理”，让个体觉得它们是外来的异己，必先除之而后快。它们更不至于凭借自主、强迫的方式，让个体觉得它们是“活生生的”异己，可能干掉个体自己。概而言之，对于“正常”人，自身内部这种异己的现实（机械行为）并不构成痛苦的张力，驱使他起而攻击或摧毁之，仿佛面对某种异己的、人格化的危险分子。然而，与此相反，对于“正常”人不可能发生的事情，却体现于类精神分裂的假自己系统，异常突出。

再来看癔症患者的特征：患者把自己与自身行为分离开来，作为对自身行动的规避。对于这种心理策略，最好的描述，就我所知，见于萨特《存在与虚无》一书“自欺”（bad faith）这一章。在那里，萨特运用现象学，精彩解析了这种假装自己不在自 96
身行为“之中”的心理策略。萨特指出，这种策略是癔症人格为自己建造的生存方式，意在规避自己行动中充分的个人意义。当然，萨特的“自欺”概念含义丰富，远超于此。

继续我们的思路。癔症患者试图借行动满足自己，却排斥这些行动的意义。通过行动，患者得以“满足”（gains）自己的力比多[1]欲望或攻击欲望，这些欲望指向他人，患者却无法明了它们对于自身的意义。于是，冷淡随之而来，他自己所言所行之含义，也跟他发生了荒唐的分离。这种分离让我们想到类精神分裂个体，后者的存在也发生了分裂；然而两者相去甚远。后者的假自己，并未作为实现和满足自己的工具。在类精神分裂个体身上，假自己的欲望有可能得到明显的满足，然而，此时个体的自己，在最原始的意义上，却有可能仍处于饥饿状态。也就是说，在类精神分裂个体这儿，假自己的行动并不去“满足”个体的“内自己”。

---

1 力比多（libido），精神分析专用术语，是一种心理能量，驱动个体追求快感。——译注

癔症患者的相关行为，指向高度的自我满足，但他假装显得：这些行为只是假装而已，无所指涉，不具特殊含义，或者说，他迫不得已才这样做，云云。但事实上，这些行为满足了他内心深处的欲望。作为对比，类精神分裂个体的假自己完全不同，它强迫性地顺从他人意愿，很大程度上属于自发，不受控制，所以给人错乱的印象。它的知觉、思想、情感和行动，方方面面流露出不真实、无意义、无目的等等。个体存在的基本动力结构决定了不幸的结果，直接导致它完全僵死的命运；与癔症患者不同，它的僵死，并非继发防御机制[1]的派生产物。

例如，一位癔症患者回忆自己的中学时代，那时他爱好数学，轻视文学。后来，学校演出了一场莎士比亚的《第十二夜》，要求每位学生就该剧撰写一篇文章。他当时并不喜欢《第十二夜》，却不惮揣摩校方评委们的审美旨趣，写出一篇倾心赞美的文章，结果竟然中奖了。患者后来回忆说，当时他心里想："这算什么？文章纯粹是迎合评委，没一个字出于我内心呀！"但事
97 实上，正如他后来承认，动笔之际，他已经真的喜欢上了《第十二夜》，文中所述，也是他的真实感受。只是，当时的他，不敢向自己承认事实，害怕人生观因此遭受冲击，让自己陷入剧烈的内心冲突，失去自我。显然，上述表现属于癔症性神经症，而非精神分裂。后来，在生活各个方面，这位患者都开始有类似的表现，明明内心渴望的事情，偏要告诉自己说，无非为他人做，

1 "继发"与"原生"对应。继发防御机制（secondary defences）是原生防御机制的继发机制。——译注

如此而已。借助这种方式，癔症患者满足了自己的欲望，虽然他自己不愿承认。也就是说，癔症患者的神经症反应，让人觉得他像类精神分裂个体，拥有一个假自己系统，但事实并非如此；两种患者存在本质的差异，仔细考察，不难分辨。

癔症患者总是假装不在自身行动之中，实际上却借由这些行动实现自己。例如，如果患者像这样深入意识到过于强烈的罪感，并因害怕而影响行动，他就会进入“癔症性”瘫痪，以保证其罪感的自我满足不被中断。

至于类精神分裂的假自己，可举出几个特别明了的案例：詹姆斯、戴维和彼得。

在个人身上，假自己系统总是极为复杂，包含许多相互冲突的成分。对此，本章将努力给出具有普遍意义的表述。为此目的，有必要逐一刻画这些相互冲突的成分。

本书第三章的詹姆斯说：他觉得自己不是人。在行为中，他让自己成为一样“东西”，仅仅为了他人而存在。他感到，母亲从未承认他的存在。我想，有人会说，了解一个人怎样逛超市，就足以了解他的存在。但我们都晓得，这只是一种说法而已。詹姆斯感到，母亲从不认为他有自由和权利过自己的主观生活。詹姆斯自己的存在（self-being），自有其自主性、整体性，唯有主观生活才能表达。然而，事实正相反，他只是母亲的傀儡，“我只是她存在的烘托”。最终结果，他的主观性只能向内发展，没有勇气向外客观表达。当然，他尚未完全丧失客观表达，因为，他还能借清楚有力的话语，表达其“真”自己。他清楚这一点， 98

所以自嘲："我只能说说而已。"然而，事实上，除说话之外，詹姆斯的所有行动，都不出于"他"，而出于一个异己的意志，它早已进入詹姆斯的存在，并在其中形成、生存下来。既然如此，詹姆斯所说的话，不大可能是别的什么，而是反映了他母亲的意志。这一意志来源于与詹姆斯异己的现实，即他母亲的现实，现在却从詹姆斯自身存在之内发挥作用。因此，对于詹姆斯，他人必然首先意味着母亲，即"作为母亲的那个人"。詹姆斯这一假自己的行动，很大程度上，可能指向其他人格，进行扮演，或作可笑的模仿；但是，这一假自己本身，并不必然是对他人的模仿或复制。眼下我们的讨论，正聚焦于这样一个重要环节：从某个时刻开始，个体会顺从他人的意愿或期望，或个体以为的他人意愿或期望。进入这种状态的个体，通常都会拼命"表现好"，做事情绝对遵照吩咐，绝不"惹麻烦"，绝不坚持甚至也不流露自己的意志。然而，所谓"表现好"，并非出于自身主动意愿完成事情，被他人称好；相反，"表现好"必然出于被动，需要迎合他人而非自己的标准，而且过程中还要担惊受怕："表现好"一旦演砸了，成了"表现自己"，又该怎么办？！综上所述，此处所讨论的顺从，部分是对自身真实可能性的背叛。但总体而言，它是一种手段，用以隐藏和维护自身真实可能性，让这些可能性缩进内自己，避免它们演变成现实的危险。对于这个内自己而言，一切事情——在想象中——皆有可能，同时，一切事情——在现实中——皆不可能。

前面说过，个体需要顺服他人意愿或期望（或个体以为的他人意愿或期望），因此，假自己应运而生。这并不必然意味着假自己是荒诞的善（absurdly good）。事实上，假自己也可能是荒诞的恶（absurdly bad）。詹姆斯说："（我）只是一种反应——针对别人怎样看我的反应。"此话表达了假自己顺从的基本特征：一方面，迎合他人对我们的看法；另一方面，回避表达自我看法和自我期望。借此，个体成为他人所期望的样子。只有沉溺于幻想，或镜前顾影自怜，个体才能成为他"自己"。面对外部世界， 99
个体领会或幻想自己在他人眼中的那个样子（the thing），努力与之保持一致，其结果，假自己真的成为那个样子。那个样子可能是假罪人，也可能是假圣人。不过，就其整个存在而言，类精神分裂个体并不是那个样子，而是从根本上分裂为二：外部顺从，内部却抑制自己的顺从。

莎士比亚《奥赛罗》剧中人埃古（Iago），总是假装自己所不是的那个样子。事实上，这是《奥赛罗》全剧的主线，即所谓"看上去那个样子，实际上这个样子"。不过，埃古或其他莎剧中的类似角色，他们之所以"看上去那个样子"，乃为实现其阴谋。类精神分裂个体与之完全不同，他之所以"看上去那个样子"，乃因他害怕自己不是那个样子，他认为，这是他人内心对他的要求。当然，这并不是说他不为自己努力，而是说，他为自己的努力都出于被动、消极。换句话说，他对外部的顺从，很大程度上，正是为了维护自身存在，以免彻底地毁灭。不过，特殊情况下，他也可能"一气之下"攻击自身的顺从性。

一般而言，可观察行为，作为假自己之表达，属于常态范围。日常生活中，我们总看到模范的孩子、理想的丈夫、勤奋的职员。然而，这种假象在因袭相传中变得越来越僵化，到最后发展形成各种稀奇古怪的性格特征。探讨这些性格特征，有着不同的方向和线索，但只能逐一加以讨论。

假自己顺从外界，它最清楚的特征是内心的恐惧。一个人的行动，身不由己被他人意图控制，这是恐惧的明证。恐惧之外是厌恨，让我们的自己陷于危险的人事，难道不正是我们厌恨的对象吗？只不过，焦虑让个体苦不堪言，排除了直接发泄的可能性，但后面相关内容显示，精神病例外。事实上，所谓精神病，某些时候，无非假自己的面具突然撤除。这一假自己面具之所以
100 存在，是要维持个体行为表面的正常性，可能早就无法直接反映那个隐蔽的自己。一旦如此，自己会突然爆发剧烈的责难，矛头所向，直指假自己长期顺从的那个人。

个体会声称，他的假自己所长期顺从的这个人（母亲、父亲、丈夫、妻子等）一直图谋害死他，抑或窃取其“灵魂”或大脑。他会控告说，这个人是独裁者、施虐者、刺客、谋杀儿童的凶手等等。此时，个体会迫不及待“妄想”成真，生怕眼下的感受不是事实。

需要指出，上述厌恨另有一种表现方式，某种意义而言，可谓相当正常。事实上，假自己倾向于从所顺从的人身上袭取越来越多的性格特征。这样一种袭取，可能发展为对他人人格的全面扮演，一旦达到荒诞可笑的程度，个体就会流露强烈的对于该扮演的厌恨。

假自己对他人人格的扮演，并不完全像它对他人意志的顺从。这是因为，在人格扮演中，假自己可直接与他人意志相左。假自己的人格扮演可以呕心沥血，例如前述戴维的某些角色扮演。然而，同一位戴维让我们看到，人格扮演也可能是强迫性的行动。个体可能不清楚，自己的人格扮演进行到了什么程度。这意味着，人格扮演可能昙花一现，也可能相当持续、恒久。最后，实际完成的人格扮演，可能更多针对幻想的角色，而非其人本身；正如顺从更多指向幻想角色，而非其人本身。

人格扮演是认同（identification）的一种形式，借由这种形式，个体部分袭取了某个异己人格的身份。在人格扮演中，扮演者不必整体卷入其中。通常情况，个体的人格扮演，可视为一个亚整体（sub-total）的认同过程，局限于袭取他人某些行为特征，如姿态、风格、表情等他人各种行为模式。如果个体认同的范围扩大到相当的程度，个体的人格扮演可能就只是其中一个成分而
已。但是，这个成分看来禀有一个特殊的功能：防止发生更大范 101
围的认同，以免个体自身身份的更大丧失。

以戴维为例。从一开始，他行为的目的，说来几乎就是完全顺从父母的意愿和期望。这不——模范好孩子，顶呱呱，绝不惹麻烦。父母称心如意喜不自禁，向人夸起戴维总是满心骄傲——当然，如我们所知，这绝非好兆头。

戴维十岁那年母亲去世。此后，他开始以母亲的认同自居，涉及方方面面：穿戴母亲服饰，对镜打扮，按母亲的习惯为父亲收拾屋子，甚至为父亲补袜子、织毛衣、缝纫、刺绣、用墙毡装

饰房间、选购椅罩和挂帘等等。戴维在何种程度上变成了他母亲，我们完全清楚，亲人却不晓得。我们还能看出，戴维变成他母亲，是顺从了父亲的意愿，虽然父亲从未直接表达这个意愿。此外需要指出的是，父亲几乎不关注戴维的存在。这样，不过四年之后，十四岁的戴维，其假自己系统已经发展得极为复杂。他意识不到与母亲的认同到了何种程度，然而，他强烈意识到扮演女性角色的冲动难以抑制。与此同时，他也强烈意识到，他需要摆脱这个或那个特定的女性角色（如麦克白夫人[1]）的束缚，不过，这方面他遭遇了极大的困难。

戴维害怕自己沉湎于特定女性角色，无法自拔，所以竭诚培养人际情感。他苦心经营，试图塑造一个讨人喜欢的男孩形象。他的假自己令他苦恼不堪，而这个男孩形象正是他假自己的朴素理想。不幸的是，一番努力下来，戴维的假自己竟然成了一个多元人格扮演系统。其中某些人格，从社会角度来看具有“可能性”，另一些却相反；某些人格是强迫性的，另一些则是蓄意为之。但是不管怎样，总体而言，戴维这种人格扮演越来越难于维持，过程中不断产生令人不安的因素。

日常生活，大体上，本来表现为健全的常态、调节、适应，但是，一般而言，会悄悄混进来某种反常行为，或者说，某种强迫性的过度行为，违反个体初衷，沿相反的方向，把日常生活变
102 成一幅漫画，使旁人厌烦、不安，甚至憎恨。

1 麦克白夫人（Lady Macbeth），莎士比亚《麦克白》剧中主角的夫人，性情残忍凶狠。——译注

詹姆斯正是这样，他在某些方面“学父亲的样子”。例如，客人吃饭，已经饱了，父亲却反复恳请“再吃一点”，置客人的婉拒于不顾。这一点，詹姆斯也“学父亲的样子”，彬彬有礼，恳请别人“再吃一点”，貌似慷慨关心，却带有强迫性质，让人难以承受，很快不堪厌烦，弄得詹姆斯自己也十分尴尬。事实上，对于詹姆斯而言，父亲这个行为隐含着攻击性的内容。于是，他用自己的方式夸张表达为揶揄和怒气。他实际上是在利用他人，激发自身情感反应，这些情感本来针对父亲，但他无法直接向父亲表达，转而借助强迫性、漫画式的模仿，表达对父亲的讥讽。

类精神分裂的反常行为多系如此。个体最初驯服、顺从，最后却走向违逆，乃至憎恨。假自己系统对他人意志的顺从，其最极端的表现，包括自动服从症、动作模仿症、语言模仿症、类精神分裂紧张症的蜡样屈曲[1]等。在这些症状中，服从、模仿、重复等行为超出了正常界限，作为滑稽的讥讽和隐蔽的控诉。又如青春型精神分裂[2]患者，针对所憎恨或恐惧的对象，他们经常模仿、嘲弄，以此作为可行的攻击手段。像这样假以玩笑的秘密武器，患者手头恐怕还有不少。

类精神分裂个体把某人作为认同对象，针对该人进行人格扮

1 蜡样屈曲，紧张型精神分裂的症状之一，典型表现为四肢肌张力增高，可任人摆布，然后长时间保持不动，僵硬如被屈折的蜡烛，常伴有缄默不语、拒食、大小便无法自理等。——译注

2 青春型精神分裂，精神分裂的一种，主要症状为思想情感的反常、混乱、怪诞甚至分裂：想入非非、滔滔不绝、做作夸张、本能（性欲、食欲等）亢进、幻觉生动、喜怒无常、变化莫测等。一般预后不良。——译注

演，过程中的揶揄、蔑视、嘲笑或厌恶，对他自己而言，暴露出该人最可恨的方面。例如，戴维对母亲的认同，最后发展到这种程度：强迫性地扮演一位恶毒的麦克白夫人。

103 隐秘的"内自己"厌恶假自己的性格特征，与此同时，它也害怕假自己的性格特征，因为，采用一个异己的身份，对于自身身份总是一种威胁。认同有扩张性，自己害怕被其扩张所吞没。某种程度上，假自己系统的行为相似于人体网状内皮组织系统的行为，它阻挡和包围入侵的危险异物，防止异物在体内进一步扩散。只不过，人体网状内皮组织系统是正当的防御系统，假自己系统却是错误的防御系统；这是因为，内自己并不比外自己（假自己）更为真实。戴维身上隐秘的内自己，变成了精明的控制者，把他的假自己当作傀儡加以操纵。戴维说过，他觉得自己始终是母亲的傀儡。这意味着，母亲不仅影响他的内自己，也影响他的外自己（假自己）。

关于这一点，二十岁的少女吉恩个案，给出了相关的启示。吉恩容貌不佳，由此产生了"自身意识"，并因这一"自身意识"苦恼不堪。她浓妆艳抹，虽略掩瑕疵，却另添几分滑稽可笑。本妆容有似面具，不仅没能改进形象，反倒令人避而远之，与初衷南辕北辙。仔细考察吉恩个案，不难发现，她对自己容貌的态度，反映了她人生的根本问题：她与母亲的关系。

吉恩曾经沉湎于对镜顾影自盼。有一天她突然开始极度厌恶自己的容貌。多年来，吉恩一直认为自己长得跟母亲一样。因而，"厌恶"这个词包含着两可的意思。她厌恶镜子里那张脸

（母亲的脸）。与此同时她看到，那张从镜中看着她的脸上也充满了厌恶。于是，看着镜中这张脸，她与母亲产生了认同，与母亲合而为一。此时的吉恩，既是自己，又是母亲，正看着女儿脸上的厌恶。这也就是说，她用母亲的眼睛，从镜中那张脸上，看到了自己对母亲的厌恶（hate），还看到了母亲对自己的憎恶（hatred），进而憎恶着母亲对自己的憎恶。

她与母亲的关系，从她母亲一方看，保护女儿有些过头；从她自己一方看，则过于依赖母亲。实际上，吉恩不能承受对母亲的厌恶，也无法让自己承认母亲对自己的憎恶。这些情感得不到 104
直接表达和公开承认，在她内心日积月累，最终导致她目前的状态。看来问题的症结在于：在她眼里，自己的面容令人厌恶（充满厌恶）。她厌恶它，因为它与母亲的面容如此相像。她害怕自己所看到的这件事情。于是，她用化妆品掩盖自己的面容，一方面隐瞒自己的憎恶，一方面对母亲面容实施替代性的攻击。类似的情况还出现在吉恩生活的其他方面。例如，在她身上，儿女对父母应有的礼貌和服从，不仅变成对母亲愿望的消极接受，还表现为完全的自我隐瞒，进而异化为对母亲嘲弄式的模仿，嘲弄母亲寄望于她的一切。她把自己的顺从变成了攻击，向所有的人展示她的真自己，她的滑稽表演既在讥讽母亲，也是对自己的礼貌和服从的嘲讽。

吉恩个案告诉我们，如果个体与他人的存在不可分割，那么，个体对他人的憎恶就会集中于他人的形象；与此同时，短期或长期模仿他人人格，就会成为自身存在的方式，这一方式可为个体提供安全感。对个体而言，寄身于他人人格，相比过去，自己的行为远为相称、轻松、“可靠”——最后这个词来自D女士。个体情愿承受由此导致的虚废感，这种虚废感是上述行为的必然产物。个体会认为，坦率表达自己可怕的孤弱和困惑，属于危险举动，比虚废感更难承受。事实的确如此，因为，坦率的表达，意味着不再作为他人而存在，而是作为自己而存在，这当然危险。然而，另一方面，为逃避危险而寄身他人人格，假自己系统必然逐渐丧失生命力。某些个体会发展到这种程度，其生命仿佛交给了一个机器人，使得这个机器人（当然）不可或缺。

假自己系统展示的“人格”，必然具有某种长期性。在此之外，如前所述，面对众多小规模的临时认同（transitory identifications），假自己系统有可能成为它们的牺牲品。个体可能发现，自己突然获得了一种习性、一种姿势、一种语气的转折等等。例如，自己嗓音中突然出现了一种语调的变化，来自别人，不属于“自己”。通常，个体明确知道自己特别不喜欢那种新习性。事实上，对他人行为局部碎片的暂时获取，并不必然是类精神分裂个体的问题。只是，对于类精神分裂的假自己系统，这种
105 现象容易发生，并具有特别的持久性和强迫性。某些精神分裂患者，他们的全部行为不是别的，而是他人各种行为特征的大杂烩。唯一的区别是，在患者身上，这些行为特征表现得更为突出，与它们原来的背景不相协调。关于这点，下面这位完全“正常的”人提供了一个生动的说明。

一位女学生名叫麦克洛姆（Macallum），她的一位男教师名

叫亚当姆斯（Adams），她对这位教师产生了强烈而又冲突的感情。然而，有一次，她恐怖地发现，她把自己的名字错写成了“麦克当姆斯”。这位女学生回忆说：“我当时恶心至极，只想砍掉自己握笔的手。”

概而言之，他人各种人格碎片存在于个体行为之中，宛如留在体内的弹片。如果与外界关系很愉快，那么，个体就会始终挑剔这些异己的碎片，而且会感觉到它们从自己内部持续不断被挤出来。事实上，这些来自他人的人格碎片，常常使属主感到恶心和恐怖，并导致憎恶和攻击，比如刚才那位女学生，她说：“我只想砍掉自己握笔的手。”然而不幸的是，这种破坏性冲动恰好针对着她自己的手。这个例子说明，对于这种从他人“摄入”的行为碎片（action fragment），若要实施攻击，必须以伤害属主自身的存在为前提，正如刚才那位少女吉恩，为达到攻击母亲的目的，她必须首先伤害自己的面容。

最后，有可能发生这样的情况：个体所有行为都变成强迫性行为，与其隐秘的内自己相离异，内自己则因此完全放弃自身，投入对他人行为的模仿、扮演、讥讽等等。一旦发生这种情况，那么，个体就可能试图剥夺自己的一切行为。临床上，这就是紧张型精神分裂症的退行表现，就像剥掉全身皮肤来治疗全身性皮肤感染一样。真正剥掉皮肤当然不可能，但是，精神分裂患者却可以剥掉自己行为的“皮肤”。

第七章

自身意识

自身意识（self-consciousness），按照其通常的用法，具有以下两种含义：其一是自己对自己的意识；其二是对自己作为他人的观察对象的意识。自己在第一种情况是自己眼中的客体，在第二种情况是他人眼中的客体。

自身意识的两种形式，彼此密切关联。在类精神分裂个体身上，两者均被强化，均呈现强迫性。单就他自身而言，这种强迫性渗入他对自身行为的意识，常令他苦恼不堪。换一个角度，个体的现实世界充满异己的他人，相对于这个世界，他自己的身体诚为客体，而他对这身体的感受，也为上述强迫性所左右。这件事情，同样令他苦恼不堪。个体觉得自己始终遭人注意，或者随时可能被注意。这种被强化了的感觉，原则上，可归结为身体的事情；不幸的是，这个先入之见可能凝结成这样一种想法：精神的自己（mental self）如此透明、脆弱，“心”或“灵魂”，别人轻易就可以看穿。在日常生活中，这种所谓“玻璃人”的感受，是通见的隐喻或明喻；然而，精神异常的个体不堪被他人凝视或审察。他会觉得“内自己”遭人洞穿，而这“内自己”是他隐秘的存在根基。

一个人的存在，既可作为他自己意识的客体，也可作为他人意识的客体。无论哪种情况，一个人对于自己存在的意识可能遭到强化。这种遭到强化的自身意识，普遍见于青春期个体，伴随着众所周知的腼腆、羞涩、局促不安等等。不难把这类反应解释为某种“罪感”。例如，青春期个体大都手淫，其中不少人害怕在脸上暴露出来，就此，我们或许可以说，罪感的秘密（如手 107
淫）“导致”自身意识。但是，从根本上说，“罪感”是理解这类现象的关键吗？如果是，为什么没有别的表现形式？而且，事实上，当事人并不必然产生这样强烈的感觉：自己如此愚蠢、尴尬、可怜，不堪面对他人。所以，就此处所论，“罪感”一词，其本身含义并不能给我们提供必要的帮助。生活中，许多人怀有深刻而毁灭性的罪感，但他们并不具有更多的自身意识。更有甚者，例如，有人心怀罪感，照样撒谎，并不担心会泄露在脸上，也不怕遭报应。儿童心理发展有一个重要阶段，其时儿童知道，如果他不在父母成人视线之内，他们就无法知道他在干什么，也无法知道他在想什么，除非他自己告诉他们；而且，只要他自己不“露马脚”，他的“秘密行动”就能始终保持秘密。当然，借由原始巫术式的恐吓，儿童也可能无法守秘或无法撒谎，但这种情况的本质在于：因为恐惧，儿童未能确立自主性和身份。不用说，一般不难找到充分的理由反对撒谎，只是，没有能力撒谎，肯定不是最好的理由。

有自身意识的人，总是觉得自己遭到他人过分关注，或者说，他人对自己的兴趣，超过了应有的程度。上街时，遇见买电影票的长队，他会选择“悄悄溜过去”，而且多半选择从对街绕过去。有自身意识的人通常只身进餐馆，选一张没有人的桌子坐下来。舞会上，除非别人已然翩翩起舞，否则拥有自身意识的人不会有勇气下到舞池跳舞，等等。

十分奇怪的是，生活中，有些人一旦当众表演或行动，就会被强烈的焦虑所折磨。一般而言，这样的人，并不必然是“自身意识”个体；相反，平时极度有自身意识的人，一旦当众表演或行动，则可能丢失他们强迫性的先入之见。这种现象，若非深思熟虑，很难理解。

上述自身意识现象另有一些特征，它们可能再次把我们引向
108 罪感，试图借此理解眼下的难题。的确，有自身意识的个体，始终觉得自己遭别人注意，而且，在他的想象中，这种注意总是置他于极为不利的境地。他害怕自己看上去像个傻瓜，要不就害怕别人说他想自我炫耀。如果某位患者表达了这样的幻想，我们就容易推断说，此人内心存在着隐秘的欲望，未获承认，所以需要展示；或者说，此人渴望出类拔萃，力压群芳，脱颖而出。不过，这种欲望中充满罪感和焦虑，导致此人无法体验；因此，这

种欲望的幻想，即便得到满足，亦毫无快感可言。因而，我们进而推断说，此人将成为隐蔽的裸露癖，在无意识中，他的身体即等于他的阴茎。当他裸露身体，就会获得潜在的满足。但是，这种满足伴随着神经症的罪感，这使他产生阉割焦虑。最后，我们下结论说，就现象学而言，这种阉割焦虑“代表了”个体的“自身意识”云云。

但是我认为，借助上面这样一套术语来理解自身意识，回避了个体所面临的根本问题。我认为，自身意识的个体，其基本生存状态处于存在性的不安，这一不安诱发了他们的类精神分裂，也直接表现为他们的类精神分裂。然而，反过来，他们的类精神分裂，也是他们克服存在性不安的企图。对于这一企图，另有略微不同的术语可作特别的强调：个体当然愿意争取安全的自身身份，然而这一努力有失败的危险，这是存在的危险；而个体的类精神分裂，其实是一种无意识心理策略，企图让自己免于存在的危险。

我认为，对于存在性不安的个体，自身意识承担着双重的功能：

1. 第一个功能是意识到自身的存在，同时意识到：他人也意识到自己的存在。个体就此确信自己的存在，也确信他人的存在。卡夫卡写有小说《与祷告者交谈》，其中有清楚的见证。小说中的祷告者，正好处于存在性不安的生存状态。祷告者说：“我无法从自身找到证据，证明我活着。”也就是说，寻找自身生命与真实，成为祷告者根本的生存难题。为寻找证据，祷告者视自身为现实客体。然而，由于他的世界并非现实，他只好视自身为他人世界的客体。祷告者的想法是，对他人而言，一件客体必然真实、现实，甚而宁静、美丽。至少——祷告者说——“……事情只能如此，因为，我常听人们这样谈论这些客体，它们真
109 实、宁静、美丽。”接下来祷告者说了心里话：“……让人们注意我，这就是我生活的目的。听了这话可千万别在意……”

对于自身存在的意识，还需要解决时间上的非连续性。在时间上，如果自身身份遭遇了非连续性或不确定性，个体可能转而求助于空间手段，试图借此确保自身身份。这种转向空间的倾向，也许有助于说明为什么我们希望被看见，因为对于自身身份，被看见多半是非常重要的事情。有时，被看见赋予我们最踏实的信心，然而，即便有这种情况，本质上我们更关注的，可能还是自身意识在时间上的连续性。当时间被我们体验为一系列瞬间的连续，事情就更是如此。这样的个体害怕自己失之疏忽，导致时间连续性的断裂或缺失，他会因此陷于极度的不安。杜雷（Dooley）曾例举不同的个案，来解释这种时间性的自身意识。杜雷说，个体“恐惧自身身份被抹杀，为此展开斗争”，而时间性的自身意识，即是这场斗争的一部分，个体借此“反抗被吞没、被粉碎之恐惧，反抗丧失……（自身）身份……”，竭力维护自身完整性。杜雷的一位患者说：“狂欢节那晚，我把自己给忘了。我完全入迷了，忘了当时是何时，自己是谁，身在何处。猛然间，我意识到这一点，当即怕得要死，虚幻感顿时袭来。那晚过后，我再也不敢忘掉自己了；现在的我，总是边干事儿边看

钟，否则就不晓得自己到底是谁了！”（1941，第 13 页）

2. 自身意识还有第二个功能。在一个危险丛生的世界，被注意即意味有危险。我们暴露于他人，这个简单的事实意味着潜在的危险，预防这种危险，需要设法隐蔽自己。就此而言，自身意识可理解为个体对自身的忧虑。

正因为如此，在实际生活中，问题必然十分复杂。卡夫卡笔下的祷告者把引人注意作为生活目的，希望借此缓和自己的非人化、非现实处境，改善内在的僵死。从自身内部，他无法证明自己还活着，所以需要他人来证明。然而，这首先需要对他人付出信任，相信他人具有宽厚善良的理解力。但事实上，这种理解力并非随处可见，如祷告者所说：“我总觉得他们无非昙花一现。”
真是不幸，就祷告者自己而言，一旦他意识到什么，什么就不再 110
真实。实际上，毫不意外，像祷告者这样的人，对他人关于自己的意识，并无充分的信任。但是，如果他人也像他，反过来觉得他“无非昙花一现”，事情又将如何？他还会不信自己只信他人，以便证明自己活着？恐怕不会！事实上，祷告者这样的人，他们的担心，多半指向自己危险之至的处境，他们担心这种处境成为他人意识的对象。我相信这种恐惧事关死亡——它令人目眩神迷，来自那只“邪恶之眼”——令人再次想起珀尔修斯和美杜莎之头的神话。

确实，从生物学上说，如果一只动物把自己暴露出去，它就面临被敌人攻击的危险。任何动物都有自己的敌人，暴露自己，就意味着生物学上根本的危险。正因为如此，生活中人人都会使用伪装。下面是一位患者的自述，她回忆说，当年十二岁左右，为克服焦虑，曾使用一种巫术式的伪装：

> 当时我大约十二岁，常常不得不独自穿过一座大公园，前往父亲的商店。路途漫长、孤寂。我想，我肯定不喜欢，很害怕，如果天黑了，就更害怕。为了走完漫长、孤寂的路途，我想办法做游戏。就像小时候数石块，或者迷了路，那种感觉大家一定都记得——我做的就是这种游戏。事情非常奇怪，我发现，只要久久地凝视周围环境，我就会融化到里面，消失在其中，那儿仿佛敞开了一片虚空，而我就消失在那片虚空里面。就像你故意让自己觉得：你不知道自己是谁，身在何处。也就是说，与周围环境融为一体。但是，接下来你会对此感到恐惧，因为事情就这样悄然发生了。当时我就这样，一边走，一边觉得与周围融为一体；然后又因为害怕，只好反复念诵自己的名字，直到恢复常态。

在人类生活中，过于突出、与众不同、引人注意等，会导致各种焦虑，这些焦虑让个体的注意力转向自身。也许，这些焦虑有其生物学上的对应。过于引人注意，是一种危险，为防范这种
111 危险，个体会努力融入环境，让自己难于识别。例如，奥本多夫曾经提出，非人化是一种防御机制，其目的是“装傻”。在第八章，我们将通过彼得个案，进一步深入考察这一类防御机制。

融入大众，成为别人，扮演某人，假名，匿名，甚至成为无

人（nobody，从精神病学上说，假装没有身体），等等，均属防御机制。在某些类精神分裂和精神分裂状态中，这些防御机制表现得十分彻底。

就上面那位患者而言，一旦融入周围环境，她就会恐惧，用她自己的话说："只好反复念诵自己的名字，直到恢复常态。"由此引出一个重要的问题：我认为，她当时特殊的焦虑防御机制，恐怕只能是存在性不安的产物。一般而言，个体的身份感如果得到确立，基础牢固，就不会轻易失去。按理，一位十二岁的小女孩，不应该轻易失落于自己的游戏之中。因此有可能，首先在至少某种程度上，存在性不安诱发了她的焦虑；接下来，她又借软弱来逃避。这样一种防御原理，已然见于詹姆斯、戴维、D 女士等个案。回到那位十二岁的小女孩，一方面，通过融没于环境，她丧失了自主性身份，事实上失落了自己；然而，另一方面，那个"她"被弃于虚空，夜色越深越孤单，在危险中孤苦伶仃，其实正是她的"自己"。

上述防御原理，可作根本性的概括，使之具有最大的普遍性：一旦面临丧失存在的危险，个体的防御机制便萎缩为一种非存在（non-being）状态；然而，与此同时，个体内心始终认为，这种萎缩仅仅是一次作假、一场游戏。

关于这一点，蒂利希写道（1952，第 62 页）："借由逃避存在而逃避非存在，这是神经症！"所以，最终个体必然面对这样的困境：他会发现自己一直在作假。更严重的是，他还会发现，自己的确萎缩成了非存在，而且程度超过他的想象。这令他十分恐惧，因为，在这种超乎自身想象的状态中，他发现自己已然丧失自主感、现实感、生命感、身份感等等。从这种恶性循环的状态，他无法故伎重施——如反复念诵自身名字——借此重返生活。这绝非耸人听闻，事实上，当年那位十二岁小女孩，她的
112 游戏正是这样不幸走火入魔。不错，她写下了上面那段回忆，然而，其时的她，已然深陷人格解体好多年了！

事实上，就我们所论范围之内，一切相互矛盾、相互冲突。本书第五章曾经指出，自己一方面恐惧现实的生动性，另一方面又渴望这种生动性。自己害怕变得生动、真实，因为它害怕由此走向毁灭。“自身意识”就包含在这一矛盾之中。

不错，那位十二岁的小女孩融没于周围环境，因而深陷恐惧。同样的道理，如上一章所示，也有人轻易融没于他人，并恐惧因此失去自己的身份。对于这样一类个体，自身意识成为与他人分离、保持冷漠的手段，勉强支撑其风雨飘摇的存在性安全感，捉襟见肘。人们执着于意识，尤其自身意识，其表现多样。例如，大体上，癔症患者希望忘掉或“压抑”自身存在诸侧面；类精神分裂个体则相反，他们力图尽量拓广自身意识，其特征非常鲜明。

如前所述，类精神分裂个体容易陷入自我审视（self-scrutiny），并在过程中充满了敌意。他们（此处可包括精神分裂患者）并未沐浴在自敬自爱的喜人温暖中。这样来看，人们把自我审视视为一种自恋，实属极大的不当。就此处所论，类精神分裂个体不属自恋之列，精神分裂患者亦然。正如一位精神分裂患者所说，她

被炙烤于一轮黑太阳之下，而黑太阳所闪耀的光芒灼热刺眼，令她焦枯。事实正是如此，类精神分裂个体苟活于黑太阳之下，那是他自我审视的邪恶之眼。自身意识目光逼人，摧毁了他的自发性，消灭了一切欢乐，使之了无鲜活与生机。灼人的凝视，令一切凋谢枯萎。与此同时，虽然深入来说并非自恋，个体仍然身不由己，执着于观察自身精神或身体，强迫性地沉溺其中。用费登（Federn）的话说，个体以谋杀的冲动牢牢抓住了作为客体的自我（ego-as-object）。

前面说过，类精神分裂个体将他与他自己的关系非人化了。对此，我在这儿略作不同的表述。也就是说，类精神分裂个体严酷审视自身存在生动的自发性，使之死气沉沉、了无生机。对他人，他亦如此；同时他也害怕他人以己之道（僵化）还施己身。 113

类精神分裂个体畏惧现实的生机。这相当于是说，他唯恐不自我审视，唯恐自己不死气沉沉、了无生机。自身意识保证他的生存，哪怕这种生存僵化枯竭，虽生犹死（a death-in-life）。与此同时，个体对外界客体的意识不再那么危险，或者说，此时，意识变成一架雷达、一架扫描装置，让个体觉得自己能掌控客体。然而，事实上，这种意识发出死亡射线，其中包含两种能力：第一是僵化或石化的能力（把自己或他人变为石头或物体），第二是透视或穿透的能力。于是，这两种能力反作用于个体自己：个体因此觉得遭他人注意，转而产生持续的畏惧和怨恨，害怕变成他人之物，遭他人透视、穿透、洞穿，害怕被他人力量所掌控。不用说，这样的个体无法获得自由。

为避免遭他人注意的危险，个体也许会试图石化他人。然而，不幸的是，一旦他人被石化而无法继续注意个体，那么，个体就成为唯一能注意自己的人。事情走到极端，反过来逆向进行：个体无法承受自我审视的全部分量，转而渴望摆脱阴森、严酷的自身意识，并为此焦虑不已。此时，嘲讽的是，倘若被他人洞穿和控制，反倒成了一种拯救。一旦陷于如此循环摆荡，个体别无选择，永无安宁。

觉得自己遭人注意，甚至仅仅害怕被看见，是一种强迫性的先入之见，反映了个体的幻想：希望自己隐身生活、不被注意。然而，另一方面，前面说过，被人注意这件事情，虽威胁生存，但也可提供生存的保障，换句话说，它具有两可的意义。

于是，“自身意识”的人陷于困境，进退两难。他可能需要被他人注意和认可，以便维持他的真实感和身份感。然而同时，他人的注意又可能威胁他的身份和现实。为了摆脱这种进退两难的困境，个体会做出极为复杂微妙的努力，借助于前述隐秘的内自己和假自己行为系统。例如，詹姆斯认为，“他人为我的存在
114 提供证据”。他觉得自己是虚空和无人。“除非他人在场，否则我无法有真实感受……”。然而，他人在场又令他不安，这就是詹姆斯的吊诡：无论自身独处，还是与他人相处，都使他感到非常“危险”。

就这样，“自身意识”的人强迫性地寻找同伴，又绝不允许自己在他人面前“成为自己”。他虽害怕孤独，但竭力避免社交焦虑，因此绝不与他人真正相处。他心里一套，外表一套，两者

很难相符。一旦扮演社会角色，总与真实的自己相去甚远。某人讲笑话不好玩，他仍笑脸相迎；内心真高兴，表情却不胜厌烦。对“确有”好感的人，他相当冷淡；实际交往的人，内心却不喜欢。结果，没有谁真正了解他，理解他。事实上，只有在孤独中，他才感到安全，才可能成为他自己，而相应的代价是虚幻不真。只要他人在场，他便竭力伪装自己，扮演暧昧的角色。他的社会角色让人觉得虚废枉然。所以，他至为渴望“一次认可”；然而，一旦真正面对认可，没准儿他又不知所措，甚至感到害怕，从而“放弃自己”。

在别人面前，他越是隐藏自己的“真自己”，他的表现就越是虚假，越带强迫性。最终，他会发展成极端的自恋狂、裸露癖。本来，他害怕在别人面前暴露自己，并因此厌恨自己；然而吊诡的是，他却强迫性地暴露自己无关紧要的事情。他衣着浮华，高声谈论，滔滔不绝，试图引人注意。他总是把别人的注意引向自己，又总是让别人的注意离开自己。他的行为总体上属于强迫性。一心渴望引人注目、出类拔萃，同时又对此畏惧不已。

此时，“自己”变成了一种不可见的超然实体，只为它自己所知。行动中的身体不再是自己的表达。自己未能真实存在于身体之中，它被剥离出来，茕茕孑立。我们应该没有忘记 R 女士，她如此诠释自己的行为：“我只是别人眼中之物。”恰成对照，詹姆斯则显示了相反的内心世界：“任何人都无法看到真正的我。”詹姆斯有裸露癖，然而，他的裸露癖其实是一种防御，以免人们发现他内心的自我评价：我本来是什么人，我是谁。

被人看见，人不可见，是两种截然相反的情况。面对他人，115 成年人无法建立一种稳固的防御机制，依赖被人看见，又依赖人不可见。事实上，两者都能提供各自的安全感，但也包含各自的危险。这其中的复杂性，可以借助最早、最单纯的婴儿状态加以揭示，相关的心理内涵十分微妙。

捉迷藏是一种常见的儿童游戏，实际生活中可有不同的形式，或独自一人镜前自娱，或成年人与孩子互动，等等。

1920 年，弗洛伊德写下一段著名的文字，描述一位小男孩玩线卷。这段文字有一个脚注，其中谈及捉迷藏这种游戏。引用这个脚注之前，有必要先转述这段著名的文字。

> 孩子智力发展正常，无早熟的迹象。到一岁半，可说不多几个单词，身边的人能听懂。他可变换几种声调，来表达自己的意思，帮助别人理解。他与父母和一位保姆阿姨相处不错，常被夸作“好孩子”。他不吵夜，很自觉，不乱动物件，也不乱窜房间，特别是，有时母亲几个小时不在身边，他也从不哭闹。可他非常依恋母亲，因为母亲亲自哺育、亲手照料他。然而，这样一位好孩子，却会不时表现一种不安的行为：他会把能抓到手的物件扔进角落、床下或别处，继而寻找，再捡起来。与此同时，他异常激动，口中发出响亮、拉长的声音：“喔——喔——喔——喔！”一脸兴奋和满足。笔者与孩子的母亲进行讨论，结果认为，孩子口中的声音不仅是一个感叹词，也是德语单词 fort（不见了）。我

终于明白，原来，借助手里的玩具或物件，孩子是在做“不见了”的游戏。这一理解，也被另一次观察证实：孩子有一个绕着线的木线卷，他从不当作马车或其他，在地板上拖着玩。相反，他总是握住线头，动作娴熟，将线卷扔进有围帘的摇床里面，看着线卷消失在围帘后面，口中发出上述“喔——喔——喔——喔”的叫声。接下来，他又把线卷拖出摇床。一旦他重新看到线卷，便异常高兴，口中说“da”（在这儿呢）。显然，孩子乃在进行完整的游戏：消失和再 116
现。通常，人们只看到第一个动作，只看到孩子不厌其烦重复这个动作，认为这就是完整的游戏。然而实际上，第二个动作无疑带给孩子更大的快乐。

在这段文字下面，弗洛伊德附加了一条重要的脚注：

上面的结论，被另一次观察充分证实。有一天，母亲离家耽搁了好几个小时，回到家中，孩子劈头冲她说：“宝宝喔——喔——喔——喔！”最初尚不明白其中含义，稍后发现，几个小时的独处，孩子找到了让他自己消失不见的方法。原来，家中有一面大镜子，下端离地面有一段距离，孩子无师自通，借助在镜子面前蹲下的方法，得以使镜中的自己“不见了”。

也就是说，小男孩所玩的游戏，不仅包括妈妈消失，也包括他自己的消失。弗洛伊德猜想，两个游戏应该都出于这样的企图：不断重复对危险情境的焦虑，借此去把握这种焦虑。

果真如此的话，那么，小男孩对自己不见了、消失了的恐惧，紧密关联着母亲不见了、消失了的恐惧。看来，对于一定的年龄阶段，母亲的失去，会使个体面临失去自己的危险。然而问题在于，母亲并不只是孩子可见之事物，事实上，母亲是人，可以反过来看到孩子。因而，可以认为：接受母爱的关注，成为个体自身发展的必要成分。一般而言，婴儿几乎总是处于成人的关注之下，然而，被注意，只是全部关注中的内容之一。他受到注意、爱抚、轻摇、拥抱、抛到空中、洗浴，某种意义上，这些身体经历不具重复性。一些母亲能够认可孩子的“智力”发展过程，做出相应的反应，却因责任感的缺乏，未能具体接受孩子身体的实在性；另一些母亲则有相反的倾向。很有可能，就婴儿“智力”或“身体”方面，如果母亲缺乏责任感，疏于关注，后果将非常严重。

借助对上述游戏的进一步观察，弗洛伊德认为，通过消除自
117 己的镜中影像，孩子可以让自己消失。换句话说，如果孩子在镜中看不到自己，他自己就“不见了”。这样，借助镜子，孩子得出一个分裂性的假定：有两个“他”，一个在镜中，另一个在这儿。也就是说，一旦关注他的人（如母亲）消失或不见了，那么，为克服——或试图克服——这一缺憾，孩子把自己变成另一个人，从镜中关注着自己。

本来，孩子从镜中看到的“人”，仅系他自身影像，既非他

自己也非他人。虽然如此，对于孩子，一旦看不到自身镜像，他自己就消失了。这可能像是他与母亲或亲人的关系：一旦他感觉不到母亲或亲人的关注，他就会觉得自己消失了。对于现实中的个体，他人可能在任何时候离去或死亡，无法回应个体情感的需要，从而让个体遭受威胁。当然，从另一个角度，他人带来的威胁，也可能直接表现为爆塌或洞穿。无论哪种情况，本质上，类精神分裂个体会寻求上述孩子的方式，成为自己的镜子。如前所述，最初，类精神分裂个体的自己呈现准二元性（quasi-duality），尚属完整；然而现在，借助小男孩的方法，他把自己变成两个自己，即实际上的二元体。小男孩有“两个自己”，那个实际的自己在镜子之外，而且，不难理解，随时准备与妈妈认同。本来，自己为某人所关注，并产生关于该人的幻象，而自己与这一幻象的认同，对于那个观察着的自己（the observing self），会产生决定性的人格影响。如前所述，那个观察着的自己常常毁灭和窒息任何所注意之物，相当于说，在个体存在的核心地带，存在着一位毁灭性的观察者。有可能，对于镜前的小男孩，当他缺席“不见了”，那位异己的、破坏性的观察者就变坏了，让他着魔，并取代了观察着的自己，或者说，取代了镜子之外的小男孩。一旦发生这种情况，他会重新像他人一样观察自己，借此重新获得自身意识，让自己成为他人眼中的客体。这相当于是说，他把自己的眼光借予他人，以便自己始终被注意。最终，他变成自己眼中的客体。然而，与此同时，他身上还存在着这样一个部分，这个部分探究他、观察他；重要的是，这个部分业已形成破坏性的人格特征，而且，如他所感知，这些特征属于镜像之外的那个现实之人。

118 上述镜子游戏另有特殊的引申。一个男人不经意从镜中看到了别人，一个“他”，于是突然发病。其实，那个“他”只是他自己的镜像。他当即陷入精神错乱的妄想：“他”变成了他自己的杀手，“他”策划了谋杀他（即患者自己）的阴谋；而他（患者）决定“一枪打穿‘他’（妄想出来的自己）”。

在上述小男孩的镜子游戏中，小男孩充当了他的感知者，即他母亲。某种意义上，他正假以某种魔法谋杀自己，或者说，谋杀他自己的镜像。本书后面将专门研究精神分裂，其时我们将重返本处相关内容。事实上，小男孩的镜前游戏包含两种成分：第一，让自己消失和再现；第二，让妈妈（象征性地）消失和再现。对他而言，两者必定具有相似的含义。事实上，他所面临的危险包含两个方面：一方面，母亲不见了；另一方面，他感觉不到自己被母亲所注意。只有理解了上述两方面，才有可能理解他游戏的意义。在这种情况下，存在 = 被感知，对他人和自己没有两样。

笔者有一个女儿，两岁半左右，也曾扮演过相似的游戏。她命令我用手捂住自己的眼睛：“不许看！”然后又命令：“看我！”其时，我猛然松手，重新看到她，并表现出惊喜的神情。她曾要求我假装对她视而不见，带领我跟别的孩子同做游戏，要求我假装看不见他们调皮捣蛋。上述游戏，从根本上说，反映孩子们一时觉得自己没被注意，而非他们看不见我。此外须强调，上述游戏并无实际的生理分离，无论成人或孩子，都不必藏起来或真正消失。这是一种巫术式的躲猫猫游戏。

母亲一旦离开，孩子就会哭叫，因其存在面临消失的危险，存在 = 被感知，孩子也不例外。母亲在场，保证孩子充分生存、运动、存在。夜里孩子都希望不熄灯；除非睡着，都不想父母离去。为什么会有这一类需要？原因之一或许在于：孩子需要看见自己，或者说，需要感到被他人看见。所以，如果听不见他人，或者说，如果不被他人听见，他就会感到恐惧。从现象学上说， 119
睡着意味着失去对自身存在和外部世界的意识，这本身就令人害怕，因而，入睡之际，自身存在意识正在失去，我们需要感到被别人看见和听见。在睡眠中，照亮自身存在的“内在”光明熄灭了。因而，点亮一盏灯，一旦醒来，就不会有黑暗的恐惧，而且，一盏灯也提供魔法般的保护，提示仁爱的父母、善良的精灵和天使，呼唤他们美好的守望。此外，相比黑暗中可能潜伏的怪诞、恐怖，可能还有更大的恐惧，那就是，黑暗中空无一物，空无一人。因而，失去对自己的意识，或许就是虚无。类精神分裂个体让自己确信，他的生存始终有其自身意识相伴。当然，他为此付出了代价，困扰于他自己的内视之眼和洞穿之眼。

当然，希望被感知，并非单纯视觉上的需要。人们普遍需要为他人所赞美、所鼓励、所爱；而生存，需要的是根本上的认可。生活中，单从自身内部，有人无法支撑自己的身份感，或如卡夫卡笔下那位祷告者，无法从内心相信自己活着。这样的人，除非别人觉得他们是现实的活人，否则他们感受不到自己真实的生命。就像R女士，她需要别人充分了解她，而且，需要这样的人认可她，或幻想这样的人认可她，对她的重要性做出应有的反应，否则，她就会感到非人化的威胁。她希望自己被注意，而她内心的前提是:“别人了解我、认可我，我本来就是这样的人。”她需要确切保障了解她的人在场，以便暂时缓解她对不确定性的焦虑，因为她不知道自己是谁。

第八章

彼得个案

我不喜欢“心理”这个词，没有什么事情是“心理的”。让我们说，人能够改写自己的生命。

——让－保罗·萨特

本章的彼得个案，涉及诸多问题。本章将显示这些问题如何产生；接下来，在第九、十章，我会做出具体的讨论。

彼得，二十五岁，身材高大，样子非常健康。他向我抱怨说，他身上始终在散发讨厌的气味，他自己闻得分明，至于别人是否闻得到，他说他不清楚。彼得认为，这种气味主要来自下身和生殖器部位。在新鲜空气中，这种气味像是燃烧发出的味道，不过常令他想起酸臭腐败的事物，如铁路小站的候车室，满是煤烟、沙砾，霉气扑鼻；或者想起他从小长大的家，位于贫民区的公寓，几间破烂的房间。彼得说，他无法摆脱这股气味，怎样洗也洗不掉。

下面的情况来自彼得叔父的介绍。

彼得父母并非幸福、快乐之人；不过，二人却关系密切，形影不离。结婚十年之后，他们生了彼得，这是他们的独生儿子；然而，两人生活的节奏和内容，几乎未受任何影响。直到中学毕业，彼得一直跟父母同睡一个房间。父母看上去对他一直不错；然而，虽然起居相伴，父母几乎完全忽视彼得的存在，仿佛他没在那儿。

母亲对彼得未有任何影响，因为她给不出什么影响。彼得喝奶瓶长大，身体很棒，可从未得到母亲的亲热、拥抱、戏玩。婴儿时期的彼得老哭。应该承认，在衣食冷暖方面，母亲对于彼得
121 的需求并未有明显的拒绝或忽视。一直到青春期，彼得未有明显异常。只是，母亲一如既往，对他几乎完全没有主动关注。她是个漂亮女人，喜欢穿衣打扮、自我迷恋。父亲对此欣赏有加，热衷于为她买服饰，陪同出行，不无自豪和炫耀。

另一方面，据彼得叔父称，父亲内心喜欢彼得，只是表达上有障碍，态度生硬，甚至粗暴，老挑儿子的错，经常无缘无故一顿责罚，辱骂“大笨蛋！”“废物（一堆粪便）！”云云。彼得在学校里功课不错，毕业后竟谋到一份好工作，本来拮据的一家人，生活大有改善，实在让父亲“为这孩子深感骄傲”。可是往后，彼得竟甩手不干了，反过来“让他父亲深受打击”。

彼得性情孤僻，从不调皮。九岁时，一次空袭[1]夺去了邻家小女孩的双亲，并使她差点双目失明，当时她也九岁。此后好几年，彼得用大部分时间陪伴小女孩，付出无比的善意和耐心，教她如何辨别周围地形，为她讲解图片，并促膝谈心。后来小女孩恢复了部分视力。她对彼得的叔父说，是彼得给了她第二次生命。当她几乎双目失明、孤弱无助之时，是彼得陪她度过了艰难的时光。

毕业前几年，叔父用了些心思，激发了彼得对律师行业的热情。后来彼得果然谋到一份律师职业，只是好景不长，他很快兴致索然，几个月后离职而去。叔父帮他转到一家航运事务所，彼得在那里坚持下来，直到服兵役。军队里，彼得自愿选择了警犬员职务。两年后，兵役顺利服完还乡，他竟选择到一家赛狗场担任看养员，“成天跟狗打交道”，“让他父亲伤心透了”。幸好彼得
在养狗场只干了一年。之后打了五个月零工，然后闲散了七个 122
月。再往后就遇上了“味儿”的麻烦。其实，彼得身上并没发出什么味儿。医院大夫无法应对，建议他找专业精神病医生咨询。

彼得自我描述如下：

他觉得，他的出生即违逆父母意愿，他们并不希望生他，而且一直耿耿于怀。他觉得，妈妈之所以厌恶他，乃因分娩损坏了她的形象和身材。彼得坚持认为，早在童年时代，母亲就经常为此责难他。至于父亲的厌恶，他觉得，单单因为他活在世上，因

1 应为二战时期。——译注

为他“在那儿”。如他所说，“他从不给我任何生存位置……”其次，父亲厌恶他，可能因为分娩导致母亲身体受伤，使她因疼痛而排斥性生活。彼得认为，自己非法进入世界，犹如窃贼、罪犯。

彼得的叔父前面说过，彼得父母彼此很感兴趣，单单忽视彼得，仿佛没这个人。如此忽视，必然影响彼得的自身意识。这一点，充分证实于我与彼得第二次谈话的录音：

彼得：……从记事算起，我就有一种对于自己的意识，一种自身意识——你知道，某种意义上，这很明显。

我：很明显？

彼得：是啊，很明显。我就在那儿……我能意识到自己。

我：就在那儿？

彼得：是啊，我想，我就在那儿。他（彼得的父亲）总是说，我生下来就那样，碍眼。

我：碍眼？

彼得：是啊，还骂我大笨蛋、废物（一堆粪便）。

我：哦，你就在那儿，这让你觉得有罪。

彼得：这个，我还真不清楚……我想，我之所以觉得有罪，首先是因为我活在世上吧。

彼得说，小时候，虽然经常独处，但他并不孤独，“独处与孤独是两回事”。

彼得的记忆自有其特征，或可称为掩蔽性记忆[1]。他说，大约四五岁，母亲发现他玩自己的生殖器，便告诉他说，小鸡鸡长不 123
大了；大约七八岁，他与一位同龄小女孩有过几次异性接触；不过，直到大约十四岁以后，他才开始手淫。这一切对他极为重要，并增强了他的自身意识。彼得最初告诉我的，就是这样一些性经历，他讲起来毫无温暖和色彩。直到好几个月之后，不经意间，他才谈起那位空袭中丧亲、瞎眼的小女孩，她叫吉恩。

中学时期的彼得，自身感受进一步成形，重塑自身感受变得可能。这反倒让彼得越来越觉得，自己被大家安放在错误的位置上了。一方面，他觉得自己负有责任，为了老师、父母成为什么人，做点什么事；然而另一方面，他又始终觉得，这样做既不可能，也不公平。一方面，他感到有一种压力，促使他尽力为父母、叔父或老师增光；另一方面，他内心认为自己一无是处，所作所为尽是虚假和欺骗。例如，他的老师是一位女教师，希望他“讲话要有风度”，穿着“要得体”，但他因此更尴尬，觉得自己不伦不类。他会手淫，老师却树他为榜样，让他在班上朗诵《圣经》。同学们称赞他《圣经》读得真好，他内心却自嘲不已：“无非说明我是个多么老到的演员。”彼得晓得，他并非自己所扮演的角色，但他不晓得自己究竟想成为什么人。一方面，他觉得自己一无是处；另一方面，他又越来越觉得自己是个人物，身份与众不同，肩负着上帝的特殊使命；但自己到底是谁？究竟是什么

---

1 掩蔽性记忆，精神分析用语，指一种记忆掩蔽了与其相关的其他记忆。——译注

人？……他又说不上来。与此同时，他觉得身边的人都有一样的想法，希望他成为圣徒。彼得说，他对此十分厌恶，“这样说吧，他们无非是想荣耀自己”。凡此等等，让他无法愉快地工作。随着时间的推移，他越来越厌恶身边的人，尤其女人。他意识到自己厌恶别人，不过他也知道，自己并不害怕这些人。“他们无法阻止我内心的念头和喜好”，既然如此，他何必怕他们？当然，
124 彼得的反应隐含着这样的意思：“他们”具有某种力量，强迫他顺从“他们”的想法，只是，对于“他们的”意愿，他可以明显表示不满，不至于压抑自己迎合别人，从而避免了焦虑。

在航运事务所就职期间，彼得遭遇了焦虑症的攻击。当时的他，苦恼于这样一个根本问题：做诚实的人，还是做虚伪的人？保持本色，还是逢场作戏？彼得说，他知道自己是个伪君子、说谎者、骗子；然而他扪心自问：他欺骗世人，能到何时？读书期间，大凡各种事情，他相信自己不难处置得当。然而，与此同时，他越是掩盖真情实感、人前人后思想行为不一，他就越想窥探人们的内心，试图发现别人到底怎么看他、对他有多少了解。事务所工作期间，他内心的“真实情感”，多半属于施虐式的性幻想，针对他的女同事，尤其是其中一位，彼得觉得她外表体面，暗地里却可能跟他一样污秽。带着这样的幻想，彼得常在事务所洗手间手淫。某次，他一边手淫，一边幻想强奸了那位女同事，不巧刚出洗手间，劈头便撞上她。就像儿时手淫被母亲发现一样，眼下，女同事直视彼得的眼睛，仿佛洞穿了他的伪装，探查他内心真实的秘密，揭开他深藏不露的隐私。彼得说，他当时

害怕极了。从此以后，他不相信还能隐藏思想行为，尤其不敢信任自己的表情，担心会“出卖他”。与此同时，他特别害怕精液的气味会出卖他，为此提心吊胆。

军队服役期间，彼得正处于上述心理状态。不过当时，他内心的苦恼并未显露出来，军务也完成得不错。看起来他变得正常，而且，某种程度上不那么焦虑了。彼得知道自身这些现象，所产生的反应十分有趣、极为重要。事实上，彼得身上存在着两个自己：一个是“内在的”“真”自己，另一个是外在的“假”自己。
两者之间的分裂，遭到某种处心积虑的精心强化，其结果就是上 125
述表面上的正常。当时，他做了一个梦，梦境表达了他生命的分裂：他跳出一辆疾驰的轿车，身受轻伤，车子却向前撞得粉碎。对于这个梦，彼得自己的解释合乎逻辑地得出了灾难性的结论：生活中的他，正在进行梦中的游戏，也像梦中一样，被迫“跳车”，让自己与自己脱离，也与他人脱离。此举减缓了他的焦虑，让他表面上显得正常。只是，这种表面上的正常无法掩盖相关问题，更多的恶果有待正视。

不幸的是，事实正是如此。接下来的彼得，愈发觉得漫无目的、一无是处，再也无法相信自己“真”是谁，甚至于伪装也没有意义了。用他自己的话说：“我谁也不是，因此一无所能。”现在的他，不仅需要一心脱离他的假自己，还需要摧毁一切与之相像的事物。如他所说：“我不让自己保持自己所想象的样子，或他们所想象的样子，这让我感到一种刻薄的满足……”

彼得一直觉得，自己只有一只脚踏进了生活，而且属于非法闯入。他说（这刚好也是海德格尔的话），他“处于存在的边缘”。他觉得自己并未真正活着，所以了无价值，也无权要求生活。他渴望完全脱离生活，然而，一阵子，他又想抓住生活中微小的希望。对他而言，女人还算有些神秘，女人的爱给他激励，让他觉得可以克服虚废之感。不过，这方面的激励总是好景不长。他相信，跟他厮混的女人必然跟他一样空虚，所以，女人的给予，无论是他主动获取还是被动接受，本质上只能跟他一样，一无是处。彼得认为，任何女人，除非跟他一样一无是处，否则绝不会跟他打什么交道，性关系上尤其如此。他所有实际的性关系都是乱交，而且，过程中仍然无法突破自己的“封闭性”。在这样的背景下，彼得与自己心中那位“纯洁的”少女保持了几年微妙的、柏拉图式的关系，但始终没有任何变化和进展。他没读过克
126 尔凯郭尔，如果读过的话，可能会同意克尔凯郭尔的想法：若有信心，就会与他的列琪娜[1]结婚。

现在的问题是：为什么彼得要花那么多时间，将这段情谊向我娓娓道来？不用说，这段情谊，是彼得人生迄今最有意义的事件；而且，很有可能正是这段情谊，使他在青少年时期免于精神分裂。一般而言，彼得这样的人，不忌讳谈及自己儿时杂乱的性经历、手淫、成年后施虐式的性幻想等等，但对于上述这段情谊，他们却会深藏于内心，秘不示人。

---

1 列琪娜（Regina），克尔凯郭尔曾与之订婚，后来主动解除婚约。按他致列琪娜信中所说：“……忘掉这位写信的他吧，忘掉这个人，他可能是这样或那样的人，但绝不可能让一位女孩子幸福……”——译注

讨论

就我所知，无论就其身体，还是就其生活，彼得从不会感到“自在”；相反，他始终觉得自己笨拙、尴尬、碍眼。检讨起来，母亲那方面，如前面彼得叔父的介绍：她有自恋倾向，对彼得这个儿子，从不主动亲热、拥抱、戏玩，甚至彼得生理上的存在也得不到承认，“仿佛他没在那儿”。彼得这方面呢，他觉得自己尴尬、碍眼，这只是一方面；另一方面，他有罪感，单单因为他活在世上，“在那儿”。

看起来，母亲的眼睛仅为她自己而生。母亲对彼得视而不见。他不被看见。正因为如此，绝非偶然，彼得深交于那位瞎眼的小女孩——或者不如说——他的“母亲”。这一情谊中包含诸多意义，其中重要的是：跟她在一起，彼得感到安全，因为他能看见她，她却看不见他。此外，她极度需要他，因为他给了她眼睛；而他，当然，因此感到难过（sorry）。这一难过，他向母亲表达无门，现在得以向小女孩表达。这世上，唯有向这位瞎眼的小女孩、军队的巡逻犬和赛场的赛狗，他可以自然表达并接受喜爱之情。

往后，彼得处处使用其假自己系统，同时抱怨别人对自己的期望，几乎无人幸免。他因此越来越厌恶别人和自己。然而，他的“真”自己应该是什么样子？对于这个问题，他感觉越来越迟钝、茫然，因此这一“真”自己也日益脆弱。与此同时，彼得愈

127 感心虚，害怕别人洞穿他的人格伪装，看透他内心各种隐秘的幻想和念头。

在这种情况下，彼得开始运用两种缜密的心理防御技巧，他称之为“分离”和“脱离”，前者拉远自己与世界的距离，后者切断“真”自己与假自己的关系。从根本上说，两者皆为了隐藏自己，然而，两者各有众多表现形式。例如，无论在家跟父母团聚、在外跟熟人相处，彼得先会感到尴尬、不舒服、不自在，直到他进入某个角色为止。这个角色当然不是他自己，而是他认为恰当的伪装。接下来——如他自己所说——他把他的“自己”与他的行动相“脱离”，于是交往自如，不再焦虑。不过，这种“脱离”，至少从两方面看，无法从根本上解决彼得的难题。首先，如果长期“脱离”，其自己无法投入行动，就会增加生活的挫败感，窒息行动的欲望，强化厌烦情绪而至无法缓解的程度。其次，这种防御技巧并不十分可靠，彼得常常感到，别人的注意或眼光突破他的心理防线，进入他“自己”的核心，令他感到“危险”。他还意识到，这种感觉越来越持久，相应地，他保护“自己”免于被看见的努力日益无效，每况愈下。事实上，彼得觉得别人能看穿他的伪装，为此耿耿于怀，无法释然。

我认为，彼得总觉得自己被注意，这是一种先入之见，出于一种补偿的企图。事实上，彼得始终觉得自己是无名小卒（没有身体），[1] 他试图补偿的，正是这种感觉。现实生活中，彼得在对

1 在英文中，“nobody”（无人、小人物）与“no body”（没有身体）音形相似。——译注

自己身体化的体验过程中发生了根本性的不适，进而导致他的先入之见：他的身体为他人而存在，换句话说，他的身体之所以存在，是为了让他人看见、听见、闻见和接触。对于彼得，这样一种“自身”意识无疑极为痛苦；但不幸的是，如前所述，正是彼得自己，为了意识到自己是他人的现实客体，所以让自己与身体经验相脱离，而且脱离到如此程度，以至于产生了这样一种“自身”意识。毋宁说，彼得的悲剧在于，他试图以这种兜圈子的方式来确信，他拥有一个可把握的存在。

事情还没完。与此同时，彼得关于自身气味的幻觉也越来越
难以摆脱了。128

有趣的是，面对特别的焦虑，为调整自己，彼得找到了另外一种方式，而且，这种方式带给他好处，也带来相反的不利。彼得发现，当他与人相处，若对方对他一无所知，他就可以保持自己。当然，这种要求难度实在太大，意味着他必须不断“移居”，改名换姓，始终保持“陌生人”形象。如果能做到，他（几乎）可以快乐一阵子。他可以“自由”，却只能“偶尔”。在这样的条件下，他甚至能跟女孩子们发生性关系，其时，他既无“自身意识”，也没什么“想法”。它们不再产生，因为此时，他的自己已无必要与身体相脱离。当此之时，他能做个身体化的人。然而，问题在于，一旦别人了解了他，他就不得不重返非身体化的状态。

隐姓埋名、不为人知、在陌生的世界做一名陌生的过客，彼得努力争取的这些幻想，也常见于具有自身意识倾向的人。他们

认为，如果能离开同事和家乡，重新开始生活，就会了无烦恼。所以，他们经常变换工作，搬家迁徙。可惜，他们只能满足于一时，一旦与环境彼此熟悉，一切美好将化为乌有。既要生活，又想不被“发现”，难上加难。这样的人，宛如潜入敌国的间谍，容易疑神疑鬼、杯弓蛇影，一不小心就可能“出卖自己”，被警惕的敌人“当场抓获”。[1]

例如某次在一座陌生城镇，对于是否去理发店，彼得竟然犹豫不决。那位理发师令他焦虑，这倒不是通常意义的阉割焦虑。在理发店，那位理发师总会提出一些十分“天真”的问题，要彼得回答：如“你喜欢足球吗？”“那家伙赢了七万五千镑，你怎么想？”等等。这些问题都指向彼得自己，所以让他感到不适。坐在理发椅上，就像被捉住的间谍，仿佛经历一场噩梦，梦中他
129 被剪掉头发，同时不得不招认自己的身份，从自由的陌生人变成确定的某人。如彼得所说，“谁都难免讲漏嘴：我从哪儿来，从事什么职业，认识某人，所以我尽可能逃避……”。

相似的情况出现在图书馆。彼得无法持之以恒去同一座图书馆，每次在借书卡上填写真名实姓。他总是去不同的图书馆，填写伪造的姓名和地址。一旦他怀疑管理员“认出”自己，就再也不去了。

的确，后一种防御机制，有如潜入敌国的间谍，为保证不被“发现”和“认出”，需要深厚的功力、老练的技巧、高度的

1 我并不认为这些说法业已表明所有相关意思。——原注

警惕和戒备。虽然如此困难，这种防御机制的确有助于彼得，满足他对“脱离”和“分离”的持续需要；只是他必须始终保持格外的警觉，以免被抓住。就此而言，彼得处境艰难，但尚非完全绝望。当然，沿着这条路铤而走险，必然每况愈下。本来，彼得建立了一套类精神分裂的防御机制，作为一种权宜之计，来保证某种可操作的生活方式。然而，在间谍般的险境中，这套防御机制可能演变为一套自我毁灭的意向性计划。其时，局面将难以收拾，岌岌可危，虚假的健全将迅速越过拐点，最终发展为精神病。

真假罪感

至此，我们需要进一步考察彼得所承受的罪感，以及它引起的后果。我们记得，彼得不仅觉得自己尴尬、碍眼；而且他有罪感，“单单因为他活在世上”，或者说，单单因为他“在那儿”。罪感的根本诱因很简单，他只是觉得自己无权拥有现实的空间；或者说，在根本上，彼得的罪感与其现实的思想行动无关。不过，第二方面须稍加考量。彼得深信，他是腐朽材料的产物。这一信念导致他关于肛交的幻想，还导致他关于粪便制造小孩的幻想；眼下我们不考虑这些幻想的细节，但是，这些幻想参与形成了彼得的统觉（apperception）：他的自己由粪便做成。父亲只是骂他“废物”（“一堆粪便”），而他走得比父亲更远，他深信自己真是一堆无用的粪便。因而，一旦他在别人眼中有任何现实的价 130

值，他就会产生罪感。对于彼得的“粪便”幻想，我们需要加以特别的关注。

手淫使他不安，然而吊诡的是，要是戒弃手淫，他的无价值感就会增强。我相信，这是彼得罪感的关键。一旦他真想什么也不做，什么也不是，只是“一堆粪便”，他就会感到自己身上的气味变得强烈起来，令他无法容忍。彼得后来谈到这种气味：“它多少像是我对自己的看法，的确是自我厌恶的流露。”换句话说，他对于自己恶臭难闻，感到无法承受。

事实上，彼得的罪感有两个来源，彼此完全对立、截然相反：一为建设性，一为破坏性；前者促使他去生，后者促使他去死。两者导致的感受虽不同，但都极为痛苦。前者，即建设性来源，让彼得有所作为，见证他的自我肯定，表明他真实而生动，显示他的价值；然而一旦如此，彼得就会想：“这是欺骗、虚假，你本为废物，毫无价值。”当然，彼得可以避免这一不实的自责。这种情况，他不再以废物、虚假自居，免于死气沉沉，身上也不再那么难闻；然而此时，罪感又起而折磨他。至于后者，即破坏性来源，哪怕彼得愿意什么也不是，他仍然觉得自己是骗子，并为此而焦虑。他会强迫性地意识到自己的身体，觉得这是他人知觉的对象。此时就像前者的情况，他身不由己，难以自拔。

总体上，两者之间，破坏性压倒了建设性。彼得竭力避免自己是什么，导致一系列恶果，其中最严重的是僵化、僵死。死气沉沉的气氛完全笼罩了彼得，浸透他的现实生存、经验和知觉，包括和涉及他“脱离外界的自己”，他的身体，以及“被分离出去的”世界。所有一切，开始停滞不前；现实世界不再现实；难以想象任何为他人的存在（existence-for-others）。尤其糟糕的是，他开始觉得自己“死了”。后来，彼得描述过这种丧失之感：他无法经历身体的真实、生动。这种丧失之感的核心在于：一般而言，身体是现实中为他人的客体（object-for-others），然而对于这一点，彼得缺乏体验。他只能为自己生存，哪怕是无法忍受的生存，但他无法感受世界眼中他自己的生存。

看来，针对自身二重性经验的分裂，彼得在斗争。父母的管 131
教剥夺了他的存在，或者，毋宁说，父母的管教已然失败。彼得觉得，对于他人，自己只是一个可接触、可嗅及的对象等等。这是一种强迫性的偏见，令他自己极为难受。但我们希望指出的是，这种强迫性偏见是一种绝望的企图，企图在自身存在中保留一个层面，一个活生生的身体，它拥有一个为他人的存在（a being for others）。但是，为此，他不得不向身体“注入”相应的感觉，而这一“注入”，必然是一种间接、不自然、强迫的方式。上述层面属于彼得的一个经验层面，它未能从婴儿早期状况中得到根本确立，分裂倒是得到了填补。然而，填补进去的，绝非正常的情感发展：作为一个人而被爱、被尊重。相反的情感认知取而代之被填补进去：凡所谓爱，皆伪装的迫害，无非叫人沦为他人之物，用彼得自己的话说，沦为老师帽子上一片装饰的羽毛。

显然，早在中学时期，以及后来在社会工作中，围绕各种事情，彼得已然遭遇各种麻烦，让他觉得自己是个骗子，并感到恐惧。不过，我们希望特别关注的是下面这点：一旦彼得试图填补其存在的分裂，他的状态就会恶化。彼得说，他竭力“把自己与一切分离”，这是事实。在此之上，他又增加了“脱离”的方法，企图切断围绕其存在的各种关系，尤其是，他企图“外在于”自己的行动和表达，不在“其中”。在彼得的自己和世界之间，其身体行为和表达充当着过渡环节，不难看出，彼得在玩弄、利用这一过渡环节。他想说的是：“我的任何状态，若可作为他人的客体，均不代表我。”

一般而言，“我”与世界之间，身体确实占有一个两可的过渡状态。一方面，身体是自身世界的核心和中心；另一方面，身体是他人世界的客体。可是，在彼得身上，任何事情，若会让人了解到他，他都会力图让自己与之脱离。这些事情包括各种态度、意图、行动等，它们的产生，是为了顺应外部世界。这意味着，为了脱离这些事情，彼得不得不缩减自身存在，使其成为非存在（non-being），相应的结果，他开始变成无物（nothing）。他相信自己是无人、无物。这样一种信念，以一种可怕的真诚，驱
132 迫他成为无物。彼得觉得，既然自己谁也不是，那就应该成为无人；所以，如前所述，他隐姓埋名，其实正是一种巫术式的方式，希望将信念变为事实。前面看到，离职之后，彼得四方漫游，居无定处，因为他不属于任何既定的地方。他不断从一个地方漂泊到另一个地方，没有过去、未来、财产、朋友。他谁也不是，谁也不认识，也没有谁认识他。就这样，彼得苦心孤诣地创造了这种境况，要叫自己相信：自己是无人。

俄南遗精于地，[1]浪费了上帝赋予的生殖力和创造力，此乃俄南之罪（sin）。而彼得之罪感（guilt），如他自己所说，并非其手淫或施虐式的性幻想这些具体的内容，而在于他沉湎于幻想。事实上，彼得只在幻想中与人相处共事；他没有勇气付诸现实的行动；相反，一旦他试图在某种程度上约束（如果说不是压抑的话）自己的幻想，他的罪感就会增加，这种情况下，他既因幻想本身而有罪感，又因约束或压抑它们而有罪感。另一方面，一旦他想让自己什么也不是，他的罪感也会不堪沉重。他觉得自己无权做普通人之所做，这让他产生罪感。他的良知对自己说：这一辈子，他与别人共谋或可谋之事都错了。对于内心这种声音，他缺乏勇气去超越、违抗、置之不顾，所以无法像普通人那样生活，这也让他产生罪感。事实上，彼得之罪感在于，他被罪感压倒，决定承认自己的感觉：他无权生活。他否定了自己走向生活的可能性。

的确，彼得之罪感，其主要来源并非各种欲望、驱力或冲动本身，而是他在现实中缺乏勇气，偕同现实之人，从事现实之事，从而成为一个现实之人。彼得之罪感并非因其愿望，而在于愿望始终是愿望。他觉得自己一无是处，乃因其愿望始终只能是幻想，无法在现实中实现。在手淫中，他与幻想对象发生关系，这种关系毫无生命力，他却借此成功取代了与现实之人的创造性关系。彼得之罪感在于：他的欲望只是幻想的欲望，并非来自现

1 《圣经·创世记》第 38 章第 9 节："俄南知道生子不归自己，所以同房的时候，便遗在地，免得给他哥哥留后。"——译注

实的人和现实的欲望；而本来，他可能拥有这种现实的欲望。

海德格尔说：罪感是存在（Being）于沉默中为自己发出的呼喊。彼得真正的罪感（authentic guilt），是他对非真之罪感（unauthentic guilt）的屈服、投降。他把这种屈服当作了生活的目
133 的，他生活的目的就是不做他自己。

不过，如前所述，我们应该看到，作为患者，彼得的内自己存在着分裂。自呱呱坠地，一份可怕的命运始终追逐着他，让他觉得自己谁也不是。在绝望和痛苦中，他被迫自创条件，证明自己可怕的感觉没错。不幸的是，与此同时，他又觉得自己是位特殊人物，肩负特殊使命和目的，受上帝之托来到这个世界。这是一种空洞的万能感和使命感，彼得对此感到害怕，不敢正视这种“疯狂的感觉”。他意识到，如果纵容这种感觉，就会如燕卜荪[1]所说，除了“疯人院的大千世界”，别无去处。绝望中，彼得转而做出相反的选择，力图成为无人，不在身体中，不通过身体来生活，并为此付出惨重的代价：某种意义上，他的身体已然死去。

因而，当他丢掉伪装，这伪装就会反而强迫他注意，让他身不由己，无法摆脱霉烂、腐臭、诡异——总之，了无生命，死气沉沉。凭借“分离”和“脱离”的心理防御技巧，他切断自己与身体的联系；然而，不幸的是，这“被割离的”身体，以及剩下的非身体化的自己，两者都产生了生存的坏疽。

---

1 燕卜荪（W. Empson，1906—1984），英国作家、教师，借科学方法撰写评论和诗歌。——译注

彼得自己说过一番话，这番话道出了问题的关键：

某种意义上，我业已死去。我把自己与他人隔离，封闭在自身内部。其实，任何人，只要走上这条路，命运已经注定。人必须和他人一道生活，否则，就会有什么在内心死去。这一点，听起来似乎很愚蠢，而我并不真正理解其中的道理；然而，这样的事情似乎正在我身上发生。真有趣。

PART 3 第三部分

接近患者的心灵，让那些破碎的片断汇聚起来，重新变得连贯，主要靠精神病医生的爱，无条件承认和接受患者的整个存在。

第九章

精神病的发生和发展

万物崩坍，失却存在的焦点，

松垮的散漫占有了世界。

——W. B. 叶芝

借助此前相关内容，尤其围绕戴维和彼得案例，本书讨论了各种类精神分裂现象。我们希望指出，这类现象，已然接近显性精神病边缘，非常危险，因为病情可能突破这一边缘，进入显性精神病状态。所以，在本章，我们将讨论上述突破的几种发展形式。常态的健全与病态的疯狂是两种状态，同样，常态的类精神分裂个体与显性的精神病人，也是两种状态。两者之间，我们未必可能总是划出清楚的界线。某些时候，病情发作极为猝然，充满戏剧性，症状明显无误，相应地，诊断也不成问题；然而，许多时候，如众多个案所见，病情缓慢过渡，绵延数年，其间变化不明显，貌似并无本质的突破。这种情况下，对于常态和病态之间的临界点，我们无法做出明确的判定。

如前所述，类精神分裂生存状态可能出现特殊的分裂形式，一旦如此，常态就可能向疯狂过渡。为理解该过渡的性质，有必要考虑其间发生精神病的各种可能性。关于这一点，我们业已指出：为发展和支撑其身份和自主性，为逃避外界持续的威胁和危险，个体的自己会割断与他人的直接联系，竭力变成自己的客体，只与自己发生直接联系。在这种情况下，自己的基本功能只剩幻想和观察。

再往后，事情必然发展到这样一个结果：自己将难于支撑任何现实的思想感情。究其原因，正好是它未有“接触”现实，真正与现实“打交道”。正如明可夫斯基（1953）所说，丧失了与外界“性命攸关的接触”。相反，如前所述，假自己系统大行其 138
道，取代自己与他人及世界的关系。这个假自己系统，其知觉、感觉、感情、思想和行动，真实“系数”很小。

虽然如此，在此阶段，个体可能仍显相对正常，但只是一种表面的正常，其维系，只能假以日益反常、绝望的手段。个体幻想出来各种客体，借由这些“精神”事物组成“私人世界”。个体的自己沉溺于这个幻想的“私人世界”，让假自己去应付那个现实的“公共世界”，并在一旁观察着假自己。这意味着，在现实的公共世界，凡与他人的直接联系，完全落实给假自己系统，因此，假自己成为绕不过去的中介。如果自己希望与外界产生联系，必须首先通过这个中介。悲剧在于，最初，为避免外界冲击，自己设置假自己为防线，往后，假自己可能变成自己宿命的牢狱。

也就是说，针对外部世界的防御机制，其基本功能本身就意味着失败。本来个体希望防御各种破坏性的冲击（爆塌），维持自身活力，免于被他人控制和操纵，结果各项预设均无法实现。焦虑卷土重来，比任何时候都更强烈。本来，假自己在知觉上失真、在目的上错误，这是它宿命的症结。现在这一症结扩散、传染，僵化个体对于公共世界的各项感受，殃及身体以及与身体相关的一切，甚至侵袭、渗入内在的“真”自己。于是，虚无大行其道，不可一世。到后来，连内自己自身也惨遭“幻想化”，被分裂、僵化，徒有其表，无力面对身份感的险境。当此关头，内自己会不择手段，负隅顽抗。例如，如前所述，获取、维系身份感，同时需要他人和自己的认同，但现在，个体绝望、分裂到如此程度，为维护身份感（identity）不惜逃避被认同（being identified）；又如，为躲开生活的痛苦，个体会战战兢兢、殚精竭虑，纵容自己僵化枯竭、虽生犹死（a death-in-life）。然而，所有这些做法，只会进一步恶化个体的处境。

自己一方面不断退缩，一方面努力恢复，两种方式合而为一，这是精神病的常态。借助这种或那种方式，类精神分裂个体会殊死搏斗，试图成为自己，重新获得并维持其存在。然而此时，存在的欲望（the desire to be）和非存在的欲望（the desire for non-being）变得极难区分。事实上，类精神分裂个体的所作所为，本质上必然总是含混不清。例如，谁能断然区分彼得是在毁灭自己，还是在维护自己？非此即彼相互排斥的思维模式，不可能找到正确的答案。彼得用以防御生活的机制，似乎让他多少暂时摆脱焦虑，但很大程度上，是在生活中制造死亡。为了活下去，他不得不像只负鼠[1]一样装死。如果隐姓埋名、不为人知，他可以“是自己”；反之，如果他不是自己，他不妨让他人了解他。然而，这种两可处境不可能始终持续；因为，身份感的前提是他人的存在，个体需要被该人所了解，而且，该人对个体自己的认知，与个体的自身认知（self-recognition）之间需要产生联系。个体如果中断与所有他人的联系，甚至很大程度上与自身存在脱离联系，那么，他的生活必然难以为继。 139

企图像上面这样与人共存（being-with-others），相当于是说：无须与他人互动，我也能做一个人，借助某种自闭症性质的身份维系自身现实。不难看出这一心理策略的全部目的：为防御想象的外来毁灭，维护“内在的”身份，个体试图切断所有通向“内自己”的直接途径。然而事实上，“自己”如果不作为“客观元素”参与生活，不与他人互动，不经他人认可，它就无力维系已然岌岌可危的身份和存在。

1 负鼠，一种美洲动物，若遇危险会躺下装死。——译注让我们略作归纳。本书已部分描述了“内自己”可能经历的四种变化：

1.“内自己”变得“幻想化”或“发散化”，因而失去稳定可靠的身份。

2. 变得不真实。

140 3. 变得贫乏、空洞、僵化、分裂。

4. 变得越来越充满厌恨、恐惧和妒忌。

其实，上述四点，实乃同一过程的四个不同侧面，是不同角度所得之结果。

詹姆斯将这一过程推到了精神正常的极限，事实上，或许还超过了这一极限。这位二十八岁的年轻人，在他自认为的“真自己”和他的假自己系统之间处心积虑地制造分裂。

詹姆斯头脑中的他人，几乎任何观察、思想和行动都虚假不真。他们观看、思考、感觉、行动，无不“机械”且“不真实”，因为对他而言，他们只是自身观看、思考、感觉、行动的那种方式。詹姆斯说，清晨上班，路上不管遇到谁，他不得不与对方谈笑，他说无非大家都在谈笑，如此而已。为此他自我辩解说：“我礼让别人先上城铁，这还用想吗？大家都这样，如此而已。”然而，詹姆斯努力模仿他人，其实泄露了对他人的不满、对自己的蔑视。对于自己的“真实”感受，他既想隐藏，又想显露，两者之间的冲突，导致他的古怪行为。

詹姆斯企图借助荒诞思想来维系自己的身份。按其社交言论，他堪称和平主义者、神学诡辩家、占星术士、唯灵论者、神秘主义者、素食主义者，云云。事实上，他的确能与他人分享相关的荒诞思想，在有限的相关领域不时与人对话，大谈奇思怪想、特异经验，这一点，对于他保持相对的正常，或许是最重要的一个因素。不过，就当代西方文化而言，这些相关内容倾向于让个体陷入孤立，与周围的人相隔离；除非周围的人反过来把他拖入有同样“怪癖”的小圈子，否则，他的孤独将发展到十分危险的程度，以至于精神错乱。例如，他的“身体图式”（body schema）扩展到生前、死后，消融了通常的时空界限。他会产生各种“神秘的”经验，感到自己与绝对（Absolute）融为一体，与道（One Reality）合而为一。他神秘地“知道”：世界是被统辖的世界，而他据以“知道”的法则，竟全然神秘。虽然他是一 141
位职业化学家，但他“真正的”信念无关于化学和科学法则，而存在于炼金术、黑白巫术，以及占星术诸般法则。我们知道，詹姆斯可向人分享奇思怪想，借此部分实现他的“自己”，但程度十分有限。现在，他的“自己”又另须卷入巫术世界，就更不够用了。无论幻想还是想象的客体，都始终遵循着巫术的法则，这些客体之间的关系，属于巫术而非现实。詹姆斯的“自己”日益参与到幻想的关系之中，越来越不是现实关系的参与者。在此过程中，“自己”丧失自身现实性，就像与它发生关系的客体，最终沦为巫术的幻象。这一过程的一个含义是，对于这样一个“自己”，一切皆有可能，因为在巫术中，我们早晚会突破现实性、必然性、条件性和有限性的诸般限制，一切愿望早晚都会得到满足。在巫术中，这个“自己”可以是任何人，可以现身于任何地方，可以生活在任何时代。詹姆斯正渐趋于这种状态——“在想象中”。他越来越相信幻想的力量，这些力量神秘朦胧而不确定，却让他的想法清晰而坚定：他，詹姆斯，不仅是此时此地的詹姆斯，不仅是父母所生的詹姆斯，而且还是一位非常特殊的人物，肩负着特殊的使命，甚至是佛陀或基督的化身。

对于詹姆斯，“真”自己不再维系于现世的、终有一死的身体，这个“真”自己“幻想化”了，它挥发到虚空中，变成幻影，随自身想象而变幻不定。事情的另一面是，为防御外来的危险，以免威胁其身份，自己被孤立起来；其结果，这个虽不安全、毕竟拥有的身份，反倒失去了。事情还没有结束：自己退缩于现实，导致“自己的”（self's）贫乏。原来，它的无所不能以无能为基础，它的自由乃虚空中的自由，它的行动缺乏生命力。最终，自己日益枯竭、死亡。

詹姆斯也做梦，梦见他的荒凉世界。在梦中，詹姆斯深感孤独，远甚于他现实世界中的孤独。例如：

> 1. 我梦见置身一座村庄。村庄遭遗弃，断壁残垣，了无生命痕迹……
>
> 2. 梦中，我孑立于一片荒芜不毛之地。一片空荡荡的平
142 原，满目荒凉，几乎没有野草。泥浆淹没了我的双脚……
>
> 3. ……我来到一片孤寂的沙石地带。缘何逃来此地？我

无法明白。梦里，我想重返什么地方，却不知道何所往……

真是悲剧性的讽刺：甚至做梦也无法逃避焦虑的折磨；相反，每一种焦虑，连同其他各种焦虑，无论是梦是醒，融成形形色色的经验，化作无法磨灭的虚空、朽灭之感，令人更加痛苦。

唯有进入真人真事，自己方可成“真”，然而，自己却害怕被各种关系所吞没。假如“我”只愿面对幻想的客体，耽于幻想的游戏，把现实世界留给假自己去应付，就会发生类似詹姆斯的悲剧：所有经验要素都会发生深刻的现象学变化。

如詹姆斯的人生：自己超然、虚空、全能、自由，在幻想中无所不是，在现实中却什么也不是。

这样一个自己，本质上，只与自身幻想的客体发生关系，它其实是一个幻想中的自己（self-in-phantasy），一个挥发性的自己。它充满恐惧，不敢成为客观元素，而且，企图在畏惧中维护自己的身份。它脱离现实，逃避条件性和确定性的事情，无法与之建立和保持牢固的联系，所以必然面临危险。它最初力图捍卫的事情，最终可能丧失殆尽。失去了条件，它就失去了身份；失去了现实，它就失去了自由的可能——本来，它可以在世上经历现实的自由，享受选择的权利。可悲的是，为逃避现实的伤害，它竟然让自己僵死。于是，个体虽生犹死，纵然晓得世界对于他人是什么样子，也无法像他人一样经历世界。现实的世界需要现实的感觉，然而，假自己系统无法支撑现实的感觉。不仅如此，假自己系统也无法对现实做出检验，因为检验现实需要个体的心智

(mind of one's own)，借由比较，做出正确的选择。假自己缺少这样的心智，所以它必然失败。

欲望的经历或表达，一般而言，须按社会可接受的方式。然而，对于詹姆斯这类个体，考察他们的假自己系统，可以发现这样的规律：外界经验可能穿透他们的假自己，进而渗入他们的内自己；然而，哪怕发生这种情况，其自己欲望的经历和表达，仍然无法具有社会可接受的方式。

对于这样的个体，社会可接受，只是一种手腕，一种技巧。
143 他对事物的看法，事物对他的意义，他的感觉和表达，若非怪异之极，亦属少见的怪癖。自己日益裹入其自身系统之内，与此同时，外部经验变幻不定，相应的适应和调整，只好留给假自己来进行。表面上，假自己系统具有可塑性，能与不同的人打交道，可适应环境的变化云云。然而，整个幻想中的自己（self-in-phantasy）却跟不上现实世界的变化。如前所述，它在自身内部幻想了一个关系世界，其中充满各种幻想的客体，现在，按自己内定的理想化方向（direction of idealization），这些客体固然得到修正，却并无本质变化，甚至更为有害。对于这些幻象（无意识意象），它并不想尊重现实加以检查、检验和纠正，事实上它也没有这样的机会。概而言之，个体的自己并未付出任何现实的努力，好让自己有真实的改变。

从另一个角度看：如上所述，自己及其无意识意象表面所有修正，不仅无益甚至有害；与此同时，假自己系统则经历着相应的不良变化。

为达到清晰的理解，我们借助以下公式回顾自己的初始常态：

自己←→（身体 – 世界）

本来，身体应该是假自己系统的水平线或感知标准（niveau）；不幸的是，这个系统一直遭受个体的抽象化，以至于扩张到了独立的身体活动之外。很大程度上，它包含了个体“存在”中所有这样不被“内自己”认可的相关方面，因为“内自己”认为它们不属于个体自己的真实表达。这就是詹姆斯的情况：自己日益退缩，朝向排外的幻想关系内部，越来越逃避现实，与之“脱离”，仅仅观望假自己系统与他人的活动。与此同时，假自己系统持续蚕食个体的自己，深度入侵个体的存在，每况愈下，直到占有一切。到后来，詹姆斯几乎无法借由视、听、接触去感知客体，尤其是，[1]任何事情，除非他觉得“不是他自己”，否则就无法进行。相关事例，上面已举若干，虽然实际事例不胜枚举，因为无论居家、工作、交朋友，詹姆斯无不如此。这样一种存在方式，不妨 144
围绕假自己系统的性质概括如下：

1. 假自己系统日益扩张。

2. 越来越自主。

1 个体存在中的分裂，及其诸感觉形式之间的关系，至今仍遭极大曲解。——原注

3. 被各种强迫性行为所“折磨”。

4. 属于它的一切，日益僵死、不真、虚假、机械。

一方面是自己与身体的分离，另一方面是身体与他人的关联，两者的冲突把个体的自己推向精神病状态。在这种状态中，个体会觉得身体遭受了强迫，不仅要顺从和安抚他人，还要被他人实际占有。个体开始感到，因他始终以他人眼光观察事物，所以，不仅他的知觉虚假，而且这些知觉还在捉弄他，因为他觉得人们也通过他的眼光看世界。

事实上，詹姆斯差不多已经到了这种状态。他总是说，他已经感到，他“头脑”里的思想并非真是他的。生活中的詹姆斯，其大部分智力活动，乃是企图把握他的思想，把他的思想和感觉置于他的控制之下。例如，夜里，妻子常给他送去一杯牛奶，对此，他常不假思索微笑着说一句：“谢谢！”旋即他会反感自己，说妻子所做，无非机械行为，他也不例外，给出“社会机器”式的反应。他真想要一杯牛奶吗？他真想微笑吗？他真想说一声“谢谢”吗？不。然而，自己却不假思索做出机械反应。

詹姆斯这样的状态，已然极为严重。如此处境的个体，很大程度上，已经非真、僵死。往后，个体可能无法直接感受或经历真实和生命，虽然对于真实和生命的感觉（sense）尚有可能。与之对照，他人拥有真实和生命。真实和生命或许存在于自然（更具体地说是自然之母的身体），或者说，某些确定的经验形式可以把握真实和生命：借由理智的力量和控制，可以重获真实和生命。然而，个体的自己呢？它满心厌恨丰富、生动、饱满的生命；对于它，这生命无时无处不在，却始终在彼，绝非在此。而这个自己，如我们所说，虚空而枯竭。我们可以把这样的自己称 145
为口欲的自己，它虚空无物，渴望被填满，又恐惧被填满。另一方面，它的口欲是这样一种口欲：无法借喝、喂、吃、嚼、吞咽等行为得到满足。这样的自己无法与任何客体合作，它是一口无底深井，一只无法填满的大胃。在一个浸透了欲望的世界上，它无法遏制吞咽的需求。与此同时，罪感却无法产生；而本来，假如为建设性的目的，像吞咽食物那样摄入世界，并加以摧毁，自己其实可能产生罪感。现在，实际的情况是，这个自己竭力想把世界碎为齑粉，却并不想从中汲取任何营养。它的厌恨将客体贬为无物，所以不用消化。这个“自己”孤寂莫名，想象着他人之善（生命、真实等）并妒羡至极，可又必然要破坏而非汲取。对于这样的自己而言，“获取”生命和真实而又不自我毁灭，已成问题。一方面是毁灭现实，另一方面是窃取现实，两者一如既往，不过，这一次，两者的进行，借助基本属于巫术的手段。其中窃取现实这方面，包括以下几种巫术式的方法：

1. 触摸、接触；
2. 袭用、模仿；
3. 巫术式偷窃。

对于他人的真实，如果个体尚可产生直接印象，那么某种程度上，个体甚至可能消除疑虑，觉得窃取有了保障（这些方法将在萝丝个案中得到说明）。

然而，进一步，如果个体想要经历各种真实、活力的感受，就必须付出格外的努力：把自己投入强烈的痛苦和恐惧。例如，一位女性精神分裂患者，她习惯用燃着的香烟烫自己的手背，用拇指使劲挤压自己的眼球，缓慢撕扯自己的头发，等等。她解释说，她之所以这样做，是想经历“真实的”事情。极为重要的是，这位患者并非追求受虐式快感，也不是麻木。她的感觉系统正常，能感受各种事物，唯独无法感受生动、真实的存在状态。明可夫斯基也报道过，出于相似的原因，他的一位患者点燃了自己的衣服。冷漠型类精神分裂个体会“追求刺激”，渴望极度的
146 紧张、激动和恐怖，投身于极度的危险，以便像一位患者所说：“把生命刻进自己内部。”荷尔德林[1]写道：“你啊，苍穹的女儿，从你父花园向我显现，若你不许诺尘世的幸福，请许诺惊吓，哦，用别的事情来惊吓我心。”当然，这样的希望，难以实现，正如詹姆斯所表述，几乎也是卡夫卡笔下祷告者的自述：“现实离我而去。我接触、思考、认识的一切，当我走近，变得虚幻不真……”

随着与他人的脱离，“你我在一起”（me-and-you-together）之感，以及“我们一道”（we-ness）之感，也将随之丧失。这是一种进行性的丧失，过程中，女人会变得比男人更冷漠、疏

---

1 荷尔德林（1770—1843），德国著名抒情诗人，1798 年起精神分裂，直至逝世。此人生前鲜为人知，死后更遭遗忘，二十世纪初被重新发现，获世界声誉。——译注

离，处境更危险。宾斯万格（1942）指出了所谓二元式的存在（a dual mode of being-in-the-world），突破这一存在方式的最后希望，也许只有同性恋，与孩子或动物之间的持久情谊。博斯描述过一位男同性恋，他的世界因孤独而萎缩了：

> 此人甚至“头皮和心肌”都萎缩了。他越来越无法“达到”男女之爱中丰厚的生存性满足，再也无法获得“天堂的祝福”“激情和欢乐”。这些事情，只有在过去，在对表妹的爱情中，他曾经历过。后来他失去了这种纯洁的爱情。表妹完全变了，成为无法沟通遥远的异类，“陌生”“苍白”且“虚幻”“不可理喻”，最终彻底离他而去。与此同时，他的生存开始枯竭，每况愈下，陷入进行性的精神分裂，“精力耗尽”，男性的情感资源基本“用光”。就在这时，生平第一次，他突然感到某种力量的驱使，让他向同性恋“敞开自己”。他描述自己同性恋的成功，极为生动。他说，同性恋让他的生存至少达到一半的满足，而且，并不需要他“尽”很大力气。这是一个有限的爱的空间，其中几乎没有“失去自己”的危险，也不怕“耗尽”；相反，同性恋“补充”他的生存，让他“成为一个完整的人”。

接下来博斯正确指出：

> 弗洛伊德有一个重要的思想：凡是偏执狂，都有同性恋 147

倾向。上述观察为这一思想注入新的内容。弗洛伊德相信，同性恋倾向是偏执狂被害妄想的原因；而我们则看到，同性恋和偏执狂被害妄想是两种平行现象。原因都是同一个，即精神分裂患者生命的萎缩和生存的毁灭，或者说，它们是两种不同形式的企图，目的都一样，希望重获业已丧失的部分人格。（第 122—124 页）

事实上，不幸的个体置身这样一个世界，就像弥达斯[1]的噩梦，身边一切因“点物成金术”而成僵硬的金属。留给他的，或许只是这样两种可能性：

1. 他可能决定不顾一切“成为自己”；
2. 他可能试图谋杀他的自己。

无论哪种，一旦实现，都可能引发精神病。以下分别予以讨论。

首先关注第一种“成为自己”的情况。

来自自己的攻击会破坏假自己系统，各种过渡性的零星分离行为，其日积月累，也可能破坏假自己系统。倘若假自己系统尚未遭此破坏，暂时保持完好，那么，个体表面上会显得完全正常。然而，正常外表之下，精神病却在个体内部悄悄发展。

1 弥达斯，古希腊神话中的一位国王，愚蠢而贪婪。曾获点物成金术，因其欲望无法节制，将所有一切包括食物都变成黄金，差点饿死。——译注在“真”自己看来，表面上的正常、日常生活中成功的调节和适应，无非伪装而已，越来越可耻、可笑。与此同时，相应的事情也正在发生。本来，个体下意识知道，置身世上，当下即时，一个人理应服从生死命运，担当血肉模糊的生活，成为世上他人的客体。但是，个体无法承诺这份生活；相反，生死命运中各种相关的偶然性和必然性，成为个体的障碍，阻止他成为世上他人的客体。现在，随着病情隐秘地发展，耽于自身幻想性关系中的“自己”，日益呈现为挥发状态，而且更为不幸的是，它可能针对上述偶然性和必然性之障碍，展开幻想性的突破。悲剧的大幕可能就此拉开。既然“自己”挥发于幻想，那么，它可能释放这样的欲望：决定粉碎自己的封闭性，终止伪装和欺骗，真诚展示自身，旗帜鲜明地告白自己。一旦如此，重症精神病恐怕无法避免。

个体一旦陷入这样的过程，内部的精神失常必然愈演愈烈。此类情况若无深入研究无法把握。仅仅考察或追溯“客观”病
史，并不能发现任何突发压力的痕迹，也找不到猝发前的明显迹 148
象。事实上，通常的临床精神病史，或者说，个体假自己系统的历史，无法帮助我们理解其病程。除非我们从个体自身采集、获得其自己的历史（the history of his self），否则不可能理解这样的精神失常。

下面两例精神病的发作，在临床上十分常见，医生都很熟悉，但仍然觉得有如“晴天霹雳”，令人迷惑不解。

一位二十二岁的年轻人，在父母和朋友们看来，完全“正

常”。一天他到海边度假，驾小船出海，远远漂离海岸，好几个小时之后被人救回。他说，他失去了上帝，他到海上去寻找上帝。这场精神病发作让他在医院里待了好几个月。

另一位男子年约五十，至少据他妻子主诉，从不“神经”，直到精神失常那天，仍是他“通常的自己”。那天恰逢炎炎夏日，他携妻儿到河边野餐。谁也不料，野餐之后，当着全家及现场其他人，他脱光衣服，趟入河水。至此，一切或许还算正常。然而，水及腰深，他开始往身上浇水，而且再也不上岸了。他说，他在清洗自己的罪，他从未爱过妻儿，他因而有罪。他说，罪过洁净之前，他不会上岸。最后，人们叫来警察，把他拖上岸，送进了精神病院。

借助上述两例，包括其他同类案例，我们稍加归纳如下：个体的假自己系统维持着日常世界的精神正常，或者说，看上去“正常的”表情、衣着、行为、动作和语言，包括一切可观察的事情。与此同时，个体的“自己”却悄悄卷入另外一个世界，越来越深。这个世界不是它真实的世界，而只是它看到的世界。

我完全相信，相当一部分精神病的所谓“治愈”，实际上是
149 因为各种原因，患者决定重新扮演正常。

下面讨论第二种“谋杀自己”的情况。

不少人格解体（无论是否精神分裂）的患者声称，他们谋杀了他们的自己，那个自己不在了，被夺走了。

通常，人们把这样的话称为幻觉，然而，即便说是幻觉，也是包含生存真理的幻觉。这些真理，唯有回到个体自己的生存，

才可能得到理解。

一位精神分裂患者可以告白自己犯了自杀罪。与此同时，他可能完全清楚：他并未割开自己的喉咙，或自沉江河。如果谈话对象不明白这个意思，就会被他内心视为傻瓜。事实上，此类表达多系圈套，患者编织出来，实在是针对他眼里的蠢人和愚众。对于这样的患者，通过割断喉管来杀死他的自己，可能完全不是逻辑的推理，因为，他的自己和他的喉管，两者之间，几乎没有任何直接的关系，彼此很难产生影响。这意味着，他所说的自己，其实是非身体化的自己。在他眼里，自己或许属于不朽，其构成可能是近乎永恒的、非身体的物质。这样的自己，他可能会称之为“生命基质”或“灵魂”，甚或以自己的姓氏来命名，并随时准备加以捍卫。这是施雷伯（Schreber，1955）著名精神病理论的中心思想之一。

生活中常见性无能焦虑神经症；此外，我们也知道有人害怕失去“自己”，这是一种恐惧症。比较两者，或可提供帮助，让我们走近“谋杀自己”的精神病难题。考察性无能焦虑的个体，不难发现以下潜伏的幻想：个体害怕失去性功能，因而，他会假装被阉割，借此将性功能藏而不用，消除被阉割的危险。现在，同样的原则被精神病人用来建造防御机制，只是他所要保护的并非简单的性功能，而是他的自己。事实上，这是一种根本性的防御机制，也最为自相矛盾，其彻底和荒诞，超过其他任何巫术式的防御机制。就我所知，它是一切精神病防御机制的基础，虽然具体表现形式因人而异。对于其中的逻辑，我希望给出最普遍的 150

概括，那就是：为了维护存在而拒绝存在。显然，为避免“自己”被生活消灭，精神分裂患者幻想他杀死了这个“自己”。为了活着，他让自己死去。

错综复杂的因素汇聚起来，以这种或那种方式促使个体摆脱他的自己。自己竭力与身体分离，反抗与身体的统一，仍无法摆脱焦虑。其间，个体付出思想、感情、感觉、行动、知觉等等，末了一切徒然。最终，个体未能取得任何进展，反而完全陷入它试图逃避的焦虑。

一旦陷入这种状态，个体将极度痛苦，如以下萝丝和玛丽的案例所示。

我认识萝丝那年，她二十三岁。当时她怕得要死，说自己快疯了。事实正是如此，因为恐怖的记忆重现脑海，挥之不去。最初萝丝以为，忘掉自己就可以忘掉那些记忆，于是随时努力避开自己，专注别人。这样做的结果，她觉得渐渐有所平和，焦虑得到缓解，毕竟，她并不想折腾自己呀。然而不幸的是，她内心总有某种力量蹦出来，逼着她折腾自己。她因此而抑郁，却无法停止自我折腾，而且这样的折腾越来越剧烈，以至于任何一个思想或行动，都要消耗难以想象的意志。接下来，她发现意志没了——被自己用光了。于是，她不敢为自己做任何事情了，因为她无法为此负责。必然的结果是，萝丝觉得生活不再属于自己，为此痛苦不堪。“我的生活属于任何人，单单不属于我自己。”没有自己的生活，她觉得虽生犹死：了无目标、活力和根基。萝丝说，她认为“她”已然“每况愈下”；她说，趁眼下还来得及，她想摆脱“它”。然而她又觉得，事情走得太远了，以至于她“缺乏足够的能力把握住自己”，而“它”，则从她身边“悄悄溜走了”。萝丝补充说，如果她能喜欢别人，情况就会好一些。151

几天之后，她说出下面这番话：

> 这样的念头接连不断，我刹不住车了。我真正的自己（my real self）掉下去了——通常它就在我的喉咙里，可现在它掉得更深了。我正在失去自己。它掉得越来越深，每况愈下。我想告诉你一些事情，却又不敢。大脑装满各种想法、恐惧、厌恨、妒忌，大脑无法把握。它们不受我控制。我就在我的鼻梁后面——我是说，我的意识就在那儿，它们分裂了我的大脑，这就是精神分裂，不是吗？我真有这些念头吗？我不知道。上次我说我有这些念头，可能只是为了治病。唉，要是我能够喜欢和爱，而不是厌恨，那该多好。我愿意喜欢大家，然而我又想恨他们。其实我正在杀死自己。

接下来几周，萝丝一直这样谈下去。过去她想说，她正在杀死自己；现在她想说，她相信她已经杀死了“她自己”。萝丝几乎始终坚持认为她真的杀死了自己，有时她又说她失去了自己。偶尔也有这样的时候，她并未感到自己完全“死了”或“不在”，此时她反倒会觉得“奇怪”“不可思议”，进而无法相信自己和其他事情。萝丝痛苦地意识到，她失去了以真实方式经历人生的某种能力，还失去了思考真实的能力。与此同时，她却在乎别人拥

有这种能力，方向相反，痛苦却一样强烈。萝丝说，为了“重新
把握现实”，她有意无意采用了一些手段。例如，她会把一些事
情归入“真实”一类，此时若有人谈及此类事情，她会对自己
说：“我得想想。”接下来，她会一遍一遍重复那些只言片语，希
望借此帮助她理解其中的真实性。她觉得医生属于“真实”一
类，就总是努力记住医生的姓名。她试图对其他人产生影响，比
如她希望说一些会让他们尴尬的话。她发现这很容易做到，因为
她觉得自己可以完全不顾别人的情感。然后，如果她从对方身上
看到了尴尬的迹象，她内心就断定自己必然属于“真实”一类，
因为自己对真实的他人产生了影响。只要有人“进入她大脑”，
152 她就会对自己说她就是那个人。她觉得，既然自己喜欢某人，就
应该像这个人。她常尾随别人，模仿他们走路、说话的样子。在
这种情况下，别人说什么，她就会同意什么，以至于常因此激怒
别人。只是在这种情况下，她又总要抱怨，认为她离真实的自己
越来越远了。她希望“接近”别人，也希望别人接近她，事实上
却越来越不可能。随着绝望加深，焦虑反而减缓，但摆脱不了这
样一种顽固的恐惧：随着时间推移，萝丝渐渐无法理解事情的前
因后果了。别人做的各种事情，对于她而言，“无法理解、经历，
无法感受”。她相信谁都比她聪明，都在做智慧的事情，然而，
她自己呢？哪怕别人最简单的行动，她也无法明白别人的目的。
时间停滞了，她没有未来；与此同时，记忆凝固而僵化，挤满大
脑，令她也无法前瞻。显然，萝丝正在失去一种感觉，即明可夫
斯基所谓“经历”时间的感觉，它的意义是区分一件事件是在过

去、现在还是将来。

一个极为重要的事实是：萝丝越是感到她和人们无法彼此接近，就越是觉得被困于自身世界——如她所说“他们进不来，我也出不去”——进而，必然越会从外部遭受精神病的威胁，某种意义上意味着越是“公开”。事实上，她越来越猜疑他人，甚至开始藏匿物件，唯恐遭盗窃，不时查看手提包清点财物，生怕别人偷走什么。她变得越来越退缩，同时也越来越脆弱。这种困境，萝丝自己给出了最清楚的概括：一方面，她自己正在杀死自己；另一方面，她恐惧“自己”会遭窃、会丢失。用她的话说：她大脑中只有别人的思想，只能想别人之所说。

一会儿，萝丝又说自己是两个人。“有两个我。”“她就是我，
我就是她。”她听到有声音叫她去杀死她母亲，她说，这声音来 153
自“其中一个我”。她指着自己的额角说，“这儿全是棉花。我没有自己的思想，完全一塌糊涂，只有我、我、我，让我无法区分我和我、我和我自己。说到我自己，我知道一定出了什么问题，我身上一定发生了什么事情，但我一无所知。”

也就是说，萝丝害怕失去自己，试图“重新把握现实”，然而，她的努力却南辕北辙。逃离自己或谋杀自己，两种互相冲突的企图，继续被她用作基本的防御机制，事实上，它们越来越强烈，每况愈下。

萝丝是一个典型的例子，说明焦虑压抑个体。迫使个体想要“干掉自己”的不只是焦虑，还有强烈的罪感。这种破坏性的力量难以抗拒，常常使得个体走投无路，以至于想“干掉自己”。

彼得就是后一类的典型。如前所述，沉重的罪感迫使彼得成为无物——试图谁也不是，什么也不是。彼得之外，下面的患者也属于后一类例子。她的人生之路与彼得相似，幸运的是，她及时挽救了自己，更确切地说，她没让自己发展到精神病的状态。我们知道，一旦进入那种状态，必然积重难返。

这位患者名叫玛丽，二十岁。大学第一学年，未通过任何一科考试，她到考场的时间不是早几天，就是晚几天，几乎每场考试都错过了。偶尔赶上考试，她却不愿意答题。第二学年，她索性课也不上，万事皆休。原因何在？令人困惑。有人建议她找我咨询。我安排她两周约谈一次。结果不难预料，她根本无法守时。而且，岂止不守时，她完全置约谈时间于不顾。本来，约谈时间的安排，已经充分考虑到她的实际情况，尽可能将就她。然而，例如本来周四下午的约谈，她可能周六上午才来。又如本来下午四点就该开始约谈，她可能下午五点才来电话说，她刚起床，因而无法准时赶到，不过，一小时内赶到行吗？云云。再如，她不打招呼就放弃了五次约谈，第六次碰巧
154 如期而至，却不解释前五次为何爽约；此后又回到前五次的样子。如此等等。

玛丽苍白、瘦弱，面带倦容，头发也不梳，披散在肩头。她的装束没有定准，含混而怪异。一旦谈及自己，就会躲闪，显得很隐秘。她接触的人不少，均为泛泛之交，就我所知，其中没有任何人知道她的生活方式。她随父母住在伦敦郊外，自从上大学，即独自寄宿市内，而且不断搬迁，连父母也不确切

知道她住哪里。偶尔，她会在意想不到的时间，让父母照她的安排来探望；她跟父母打招呼的方式，好像自己只是这个家庭的一个熟人。事实上，她是家中的独女。玛丽走路轻快，几乎踮着脚尖；说话轻柔、清晰，却又散漫、离题、平静而做作，缺乏活力。她不喜欢谈论自己，对政治、经济类话题却有兴趣。对我，她明显冷淡，常明确向我表示，在她眼里，我无非她萍水相逢的无数熟人之一，因某句话偶然相识而已。有一次她说我很有趣，然而又说我生性邪门、绝不单纯。来我这儿，希望得到什么，她从不坦露；来了以后感觉如何，亦语焉不详。她发现自己对我很冷淡，便有些困惑，因为，她来我这儿，通常要走很远的路途。

总之，这位少女的种种表现，如果照临床精神病学的判断标准，可归入典型的早发性痴呆或单纯型精神分裂，似乎无药可救。

然而，某一天，玛丽竟准时前来，而且，言谈举止判若两人。就我所知，那天她第一次衣着基本得体，态度不再怪异得让人无所适从；相反，其动作和表述有了明显的活力。谈话开始，她劈头就说，她已经认识到，自己过去割断了与别人的真实关系，这种生活方式使她感到害怕。其实，她内心知道这是 155
一种错误的生活方式。她这番话，表明她的生活中发生了极为重要的事情。据玛丽自己说（我没有怀疑的理由），是一部电影导致了这场变化。原来，曾经有一周的时间，玛丽每天前往影院，观看同一部意大利电影《大路》（*La Strada*），主角是一位男人和一位少女。男人体格壮健，在一个马戏团做演员，在不同城市巡回演出，扮演角色，例如，突然鼓起胸膛挣断锁链等。男人要求少女的父母让女儿跟他走，做他的助手。他强壮、冷酷、下流、恶毒，把少女当婊子看待，随意强奸、毒打、抛弃，毫无良心与自责。他不把少女当人，后者尽力满足他，表示忠诚，但他毫不感激，相反明确表示，她做的这一切并不也不可能比别人做得更好。少女虽未被痛苦压倒，但看不到生命的意义，她现在毫无价值，男人夺走她的一切，只剩下悲伤和孤单。绝望中，她跟马戏团一位走钢索的演员交上了朋友，向对方诉说自己的痛苦。钢索演员鼓励她一道逃走，她却拒绝了，理由是：她逃走了，男人孤单一人怎么办？钢索演员捡起一块石头说：他不敢相信她连石头都不如，石头至少有石头的用处，因为石头至少存在着。他还指出：既然她知道除了自己没人可能留在男人身边，那么就凭这一点，她应该看到自己有用。电影中，少女单纯幼稚，不懂防范诡诈和欺骗，暴露了内心隐情。结果，当着她的面，公牛般强壮的男人杀害了钢索演员，并毫无愧疚，任凭她独自哀泣："这蠢货没救了！这蠢货没救了！"此后，少女形同木偶，不吃不喝。男人见没了指望，趁她入睡，将之遗弃在风雪交加的路旁。

显然，玛丽把自己认同于电影中的少女了，同时也把自己和少女作了比较。那个强壮、恶毒、冷漠、残酷的男人，正好
156 体现了她关于父亲（某种程度上也关于我）的幻想。不过，真正震动她内心的是：尽管生活如此可怕、不幸、绝望，少女却

未割断与生活的联系；她不自暴自弃，也没有扭曲自己的单纯。在宗教上，少女表现得并不特别虔诚，不像玛丽那样信仰某个存在（玛丽称之为上帝），少女的信仰是一种无名的信仰。虽然如此，少女的生活方式，最终不是否定生命，而是肯定生命。比较少女和自己，玛丽深受震动。现在她意识到，原来是她自己阻碍自己走向上帝的创造。这创造如此生机勃勃、大度包容，甚至悲惨如电影中的少女，竟能被剧团的小丑逗笑，并因为钢索演员而激动不已，会从一支歌中找到慰藉，至少像一块石头有自己的价值。

当然，如前所述，临床精神病学自有其“客观”观点，在它看来，玛丽过去陷于进行性或器质性精神分裂的恶化过程，目前的转变则意味着恶化过程的中断。但是，生存论精神病学有自己不同的观点，在它看来，玛丽的转变意味着：她中止了谋杀自己的行为。玛丽终于认识到，自己的生活已然沦为一种系统化的企图，目的是要破坏她自己的身份，让自己变成无人，即谁也不是。本来，借由相关事情，通过特定的付出，玛丽可以进入与他人的关系，让自己成为某个具体的人。不幸的是，她回避了所有这些事情。玛丽也努力行动，但其方式无法产生现实的结果，因而，几乎不可能称为现实的行动。生活中的常人都是特定的人，一般而言，借由特定行动达到现实的目的，过程中，自己的位置也越来越确定。玛丽却不是这样，相反，她采用了这样的手段：绝不承诺任何特定的事情，或者说，绝不让人看到她在特定时间、特定地点，与特定的人一道，做特定的事情。借此手段，玛丽试图把自己贬低为无限消失的点。事实上，玛丽跟常人一样，始终生活于特定的时空，然而，她总想抽象自己，让自己“事实上又在别处”。她借此逃避特定时空的定义，仿佛可以投身行动而又不“置身其中”。这一虚妄的努力贯穿她的一切行为：包括她要干的工作、有待缔结的友谊、姿势、表情等等。她试图借此成为无人——谁也不是。概而言
157 之，她的状况与彼得的状况非常类似。两位患者都越来越相信，成为某人是虚伪，成为无人是坦诚，因为他们觉得无人才是他们“真正的”自己。生存论精神病学认为，这是一个自己毁灭的过程；然而，“客观的”临床精神病学家说，这只是单纯型精神分裂的恶化过程。

彼得和玛丽的案例表明，处于这种状况的个体，他们所经历的罪感，很大程度上，无关于他们是否喜欢或承当了特定的思想或行动。就此不如说，另一种更为宽泛的败坏感和虚无感取代了通常的罪感，从各方面打击了他们存在——成为什么——的权利。在这种状况中，敢于成为什么，会让个体感到有罪；与此同时，未能成为什么，过于害怕成为什么，则意味着加倍的罪感。此外，试图在生理上或生存论上谋杀自己，也会产生罪感。这些罪感力量强大，阻碍个体积极参与生活，让“自己”陷于孤独，迫使“自己”不断退缩。可以说，在这种状况下，罪感一直寄生于个体的防御机制，而最初，正是这同一个罪感促发了这一防御机制。

例如，詹姆斯曾经做了一个梦，他用手比画着描述了这个梦

境："两个原子沿平行轨道运动，接着又原路返回，停下来的时候几乎相撞。"他恐惧不已，带着可怕的不祥之感从梦中醒来。

詹姆斯自己解梦说：那两个原子正是他自己，它们未能沿"自然轨道"继续运动下去，而是"原路返回自身"，所以"触犯了事物的自然秩序"。然而，这个梦还有另外的含义：事实上，这一"原路返回自身"的关系，令詹姆斯深感自己有罪，因为它意味着：

> 1. 俄南之罪，亦即浪费上帝赋予的创造力和生产力。
>
> 2. 从实际的异性关系中倒退，在自身存在的两部分之间建立关系，其中一部分代表男性，另一部分代表女性。 158
>
> 3. 从男性之间的现实关系中倒退，在自身内部建立排他性的同性恋关系。

对詹姆斯之梦的上述解释，揭示了更深层次的问题：对于这种状况中的个体，它与自己的关系是一种罪感的关系。如前所述，自己在自身内部（或试图在自身内部）形成一种关系，本来"就事物的自然秩序而言"，这种关系只存在于两个人之间，不可能在个体单独的自己之内实现。

无论萝丝的"两个我"，还是詹姆斯的"两个原子"，总之，个体自己的分裂为一类幻觉（one type of hallucination）提供了基础：通常，分裂后的一部分自己似乎保留了"我"的感觉，而余下的"自己"则会被称为"她"。但是，与此同时，这个"她"

仍然是“我”。萝丝说：“她就是我，我就是她。”一位精神分裂患者告诉我：“她是一位在寻找着我的我。”[在严重精神分裂的状况下，个体的自己似乎会碎裂为几个部分，每部分都有自己的内核，包含某种确定的“我”感（I-sense），而且都把其他部分感知为部分的非我。]在个体内部，自己感知着“别的”自己，如果“别的”自己产生了某个“思想”，自己会认为既不出于自身，也不出于自身幻想；所以，该“思想”作为知觉具有某种潜质，有可能发展为幻觉。也就是说，别的自己（the other self）是其中一个幻觉的基础。更具体而言，自己解体后，任一局部的内核（self-focus）只要保留有残存的“我”感，均可形成一个片断的“别的”自己；而一个幻觉则是一种“宛如”的知觉（an as-if perception），来自片断的“别的”自己。这种现象，在症状明显的精神病患者身上，更为突出。不仅如此，自己分裂而成的片断，这些“别的”自己，各自拥有其幻象，彼此无法协调，互相剧烈冲突。上述自己－自己关系（self-self relationship）为这种冲突提供了内部环境；而冲突本身，则被个体经历为幻象的“具体化”（参见下一章）。事实上，正是这样的冲突导致个体声称：自己被谋杀了，或者说，“他”谋杀了他的“自己”。只是即便使用“精神分裂言语”（schizophrenese），事实还是事实：个体可以割开自己的喉咙，却不可能谋杀其内在幻象的“自己”。没有谁能杀死鬼魂。可能发生的事情是，这个内在幻象的“自己”，其位置和功能几乎被一群原始形态的代理者“取而代之”或“僭越”。这些代理者似乎处于完全的控制之下，与此

同时，也支配着个体存在的方方面面。这意味着，心理治疗的任务乃是与个体原始的“自己”保持接触；同时，心理治疗必 159
须相信：这一原始的“自己”哪怕不具实在性，也拥有可能性，标明重返现实的方向和路径。然而，为此必须进一步深入研究精神病进程和现象，以便获得更清晰的眼光，更宽阔的视野。这是我们下一章的工作。

第十章

一位精神分裂患者的自己和假自己

一位美国精神分裂患者有幸康复，之后作了相关的回忆和描述，为本章提供了主要材料，帮助我们展开深入讨论。两位美国作者海沃德和泰勒（Hayward and Taylor，1956）报道了这一病案，其中海沃德还是参与治疗的医生之一。他们的报道说：

> 琼（Joan），二十六岁，白人女性。1947年首次发病，当年她十七岁。往后两年，琼在四家私人诊所接受了大量的心理治疗，包括三十四次电休克、六次胰岛素治疗。此间发生了五十次昏迷。然而几乎——如果不是完全——没有任何好转的迹象。最终，琼转而就诊于海沃德医生（M. L. H. 本文作者之一），此时，她的病情已显得难以逆转，精神状态

> 冷漠、退缩、孤僻、猜疑、视听幻觉十分活跃。她不配合治疗，常常进入木僵状态，几乎无法导引出任何身体反应。向她强调治疗的重要性，她就会生闷气，拒不接受劝勉，或愤然反抗说，她需要独处，别来搅扰。她曾三次借碎玻璃或镇静剂自杀未遂。好几次因暴怒、攻击而被关进隔离室。

需要说明，本书引用琼的自述，出于以下几条理由：首先，后面将看到，琼的自述看来为本书提供了惊人的证明；尤其是，本书初稿完成于琼的相关材料出版之前，琼所提供的证明就更为有力。其次，上述两位美国作者使用了经典的精神分析术语，包括自我（ego）、超我（superego）、本我（id）等等，在我看来， 161
反而限制了对本病案的理解。相反，琼的自述基本出于自我审视，未受两位作者观点的影响或暗示，就理解本病案材料而言，可以帮助我们避免一种可能的错误，这种错误曾见于我的一位患者：她对自己的描述，只是模仿我的理论而已。

最后，琼的自述是“日常”语言，叙述清晰，思想深刻，就我所知堪称卓越，实在是提醒我们：患者的反常行为，为什么不可以用患者自己的眼光来审视？倘若如此，他们的行为也许就不难理解了。

在我引证琼的自述之前，先简要归纳本书已经阐明的观点：

自己与身体的分离意味着难以承受的痛苦，因而，个体会强烈渴望他人，以便补救这一分离；然而事实上，这一分离也被个体用作基本的防御手段，其功能反而指向分离。此即根本的矛盾所在。自己希望与身体相结合，但是，自己又总是害怕进入身体，害怕由此可能遭到各种攻击，陷入无法逃避的危险。与此同时，自己还发现了不幸的事实：它虽处于身体之外，却无法支撑它在这个位置上本想支撑的事情。由此引发的相关情况，本书前面已有描述，此处再作归纳：

1. 这种状态的自己，其定向力属于原始口欲型。它只关注如何活着，却害怕被任何事情“摄入”。如此矛盾、冲突，让它因焦渴而枯竭，以至于荒败、孤寂、凄凉。

2. 于是，对外界那儿（there）的一切，它会充满厌恨而破坏之。然而，无论是否破坏那儿的一切，它最终只会感到：它在破坏它自身。

3. 谋杀自己的企图可能付诸有意识的实施：部分出于防御（“如果我已经死了，就不可能再被杀死”），部分出于认可罪感的需要，这一罪感几乎不可抗拒，让个体深受压迫（感觉不到活着的权利），而认可就是解脱。

4. 谋杀自己的企图，导致“内自己”本身的分裂，不再
162 具有统一性（identity）和完整性。

5. 进而，它丧失了自身的真实性和接近外界现实的途径。

6. 最终，（1）自己的安全空间变成监牢，幻想的天国沦为地狱。（2）也就是说，这个安全空间不仅是监牢，而且是无处藏身的地狱；或者说，成为一间刑讯室，在其中，自己惨遭刑讯，而且，施刑者竟是自己分裂后的众多“具体化”

部分，或者说，是那些失控而反叛的纷纭幻象。

事实上，精神分裂患者的存在之内，保存着过去类精神分裂状态的遗留，其中包含基本的分裂。牢记这一点，有助于理解患者言行中众多原来不可理解的内容。个体的存在分裂为二，产生了一个非身体化的自己和一个身体，自己看着这个身体，常常视其为世上另一样事物。整个身体以及众多的“精神”过程都与自己相分离，运行于一个极为有限的领域（幻想和观察），抑或表现出全面的功能停滞（僵死、被杀状态、被窃状态）。有必要说明，以上只是一个高度程式化的回顾，难免有过度简化的倾向。

一旦出现上述自己与身体的分裂，日常经验就可能无法维系，并形成精神病的内核。这一发展趋势的某些形式，本书迄今相关内容已有描述。

在许多精神分裂患者身上，自己 - 身体的分裂有幸限制于某个基本水平。然而，一旦“中心”（centre）无法控制局面，那么，无论自己 - 经验（self-experience）还是身体 - 经验（body-experience）都无法继续保持统一、完整、连贯、活力。个体会突然陷入一种状态，如前所述，这种状态至少也是所谓“混乱的非在”（chaotic nonentity）[1]。这是一种全面解体的终极形式，一种假

1 引自 W. 布莱克。在文学作品中，他的《先知书》提供了关于这一状态的理想描述。关于地狱的状况，古希腊文学和但丁都有描述，其中的幽灵或鬼魂虽远离生活，仍得以保持内在的统一。布莱克笔下就不同了，他的人物内心经受着分裂。布莱克的这些文字有待深入研究，这当然不是要阐发一门“布莱克心理疗法”；不过，他深入人性，至为真切，与此同时，竟能保持自身精神健全，值得借鉴。——原注

163 定的状态，虽无适当的语言可以描述，但仍有理由假定其存在。这种状态最极端的形式或许无法与生活相容。慢性的紧张型 – 青春型精神分裂[1]，一旦病情延误而至完全崩溃，可能就会陷于绝境。在这样的患者身上，各个相关过程都已走到极端，患者仅在生物学意义上活着。

事实上，精神分裂患者极端的不可理解性，是最大的障碍，阻扰我们了解一位患者；因为，所有可能观察到的行为，无不古怪、奇异、意义含混。相关原因不一而足。例如，患者焦虑和经验的结构迥异于常人，因而有可能，患者竭尽全力，希望直接明白地表达自己，但我们仍然一头雾水。又如，至少就某个范围而言，患者经验的分裂可能反映在话语中，导致其语法要素本身就异于常态：我们认为应该连贯的地方却出现了分裂，我们分而论之的地方他们却混为一谈。

上面只是简要的概括，事实上，至少就初次接触而言，沟通的困难会超乎预料。为掩藏自己，患者大放烟幕，处心积虑让事情格外含混、复杂。由此导致的场面令人哭笑不得：精神分裂患者竟假装精神病，或假装要成精神病的样子。事实上，如前所述，精神分裂患者经常装假、装糊涂。具体病案中，患者的手段可能一石多鸟，但主要目的始终是保护秘密和隐私，以免遭受吞没、爆塌等侵害。一位患者说，哪怕一场普通的交谈，也让他深受碎裂、宰割之痛苦。为了“真自己”，患者渴望被爱，尽管如

1 这个短语包含三个意思：慢性精神分裂、紧张型精神分裂、青春型精神分裂。换句话说，同一位患者身上，不幸叠加了三种类型的精神分裂。——译注

此，他仍然恐惧被爱。任何形式的理解都威胁他的整个防御系统。他的外部行为就是他的防御系统，拥有数不清的出口通向地道。人们很容易认为，这些地道会通向内部的要塞，事实刚好相反，它们只会把人引入歧途。患者不会随便接受别人的讯问和检查，不会随便向人表露自己。为保护他的自己，患者会将之隐藏 164
起来，躲避穿透性的目光，免于爱的窒息和吞没，消除厌恨所导致的破坏或毁灭。只要隐藏了身份，患者的身体可任你摆布，控制、操纵、爱抚、逗弄、打、注射，怎么都行；但患者的“他”作为一位旁观者，是不可侵犯的。

不过，与此同时，个体的自己，这位“他”，却渴望被理解。实际上，个体渴望有一位完人临到，一方面接受他的整个存在，另一方面又“让他自由自在”。所以，要接近这样的患者，需要特别谨慎，如宾斯万格所说：“别太近，也别太快。”

琼说：“我们精神分裂患者说的、做的一大堆，本身并不重要。不过，我们会把重要的事情混进去，想看看医生是否足够细心，能够发现、感觉这些事情。”

把重要的事情混进“一大堆不重要的事情”，这是一种技巧。我的一位精神分裂患者举了一个实例，为我解释了这种技巧的随机运用。他曾就医于某精神科医生，初次见面即产生强烈的轻蔑感，却非常害怕流露出来，因为他担心一旦流露就会被送去手术室，切断他的脑白质；不幸的是，他又按捺不住表达的冲动。与此同时，医患对话正在进行。他越来越觉得对话假不可耐，毫无意义，因为他戴着假面具，而医生竟严肃有加，信以为真。他想，这货真蠢。医生问：“能听到有个声音在说话吗？”他想，这问题真蠢，因为他只听到医生在说话。他回答说：“听见了。”接着补充说：“是一个男人的声音。”医生接着问：“那声音说什么？”他应声答道：“（那声音说）你是一个蠢货。”这样，假借装疯，他成功表达了对医生的看法，并且未受惩罚。

相当一部分精神分裂患者，说话纯属胡言乱语、不着边际、絮絮不休，试图让他人厌烦、感到无趣，以便摆脱他认为有危险的人。他们常常会愚弄医生，或自我愚弄。他们之所以这样装疯卖傻，是害怕表达连贯的思想或意图，担心由此引出自己无法承担的后果。

165 琼给出了另外的例子：

> 有些医生说要帮我们，其实不会帮，或者无法帮。一旦看透真相，我们就当着医生哈哈大笑或搔首弄姿。女孩子这样搔首弄姿有挑逗的意思，试图利用女性魅力，努力分散医生的注意。对于这样的医生，患者会尽力捣乱，逗他高兴，或者让他糊涂，反正不让他靠近重要的事情。真会帮我们的人，我们用不着捣乱，不会去干扰他。医生是否真想帮我、真能帮我，我有感觉。

荣格说，一旦精神分裂患者邂逅某人，觉得此人懂他，那么，他就不再表现稀奇古怪、不可思议的行为，“病征”消失，可谓豁然痊愈。琼的话为荣格提供了惊人的证明。

> 遇见你，才发现过去的我像位远行人，流落异国他乡，那儿没人讲他的语言。最悲哀的是，这位远行人甚至不知何去何从；他茫然无措，孤单无助……然而，突然间，他邂逅了一个人，这个人能讲他的语言。多好啊！现在总算有人分担你的苦恼，理解你难以言喻的内心。也许他也不知道方向，但事情完全不同了：你不再孤单一人，不再绝望；无论如何，你重新获得了斗争的力量和勇气。
>
> 疯狂是我们的噩梦，在梦中，我们呼救，却了无回应，人们听不见，也无法理解。是的，噩梦让我们绝望，除非有人听见我们，并帮助我们醒来。

要接近患者的心灵，要让那些破碎的片断汇聚起来，重新变得连贯，主要靠精神病医生的爱，无条件承认和接受患者的整个存在。

然而，在患者与医生的关系中，这只是一道门槛而并非终结。即便越过了这道门槛，“病征”好像不再那么突出了，但患者的存在中，仍然有顽固的分裂，他仍然处于精神病状态。

如前所述，患者的自己丧失与真实性的接触，无法感受自身的真实与生命。于是，患者试图凭空相信自己的真实存在。患者意识到，他的自己能被人理解，他据此认为，既然如此，自己至 166
少在那儿。然而，患者无法从内心坚信自己的真实存在。琼举例说明了这一点：

医生能了解我吗？一旦无法确定，患者就又踢又叫又打。你发现医生无法了解真实的你，他若无其事，无法了解你的感受，没有比这更恐怖的了，这会让我觉得自己是隐形人，甚至完全不存在；这太可怕了，于是我会大喊大叫，试探医生：看他仍然若无其事，还是做出反应。

纵观琼的全部自述，可以发现，她始终把她的真自己与一个顺服的假自己对立起来。下面这段文字生动描述了其“真自己”与其身体的分裂：

如果你只在乎搞我，那就完了。这让我觉得，你只对我的身子感兴趣，根本不关心我还是一个人。作为一个人，我尚未成形，有待成熟，需要大量的帮助让我成长，你却把我只当女人来使用。就是说，你眼里只有我的身子，没有真实的我，这真实的我还是个孩子，你对我的身子胡作非为，她在一旁看着呢。我知道你想让这个真实的我去死。然而，如果你不是占有而是给予，这个真实的女孩子就会觉得：她的身子和她自己都有人需要。这样的帮助，会让她重新整合自己。相反，如果你只在乎搞她，她就会觉得身子不属于自己，已经死了。唉，人总是想搞死了的身子，从不晓得给予。

为了真正整合自己，琼不得不以她的“真自己”为出发点。然而，生活中存在着危险和威胁，让“真自己”触不可及：

> 唯有交谈让我感到安全。在交谈中，我的感受都可以表达出来，让我得以了解它们究竟如何，也不必担心你会因此不安，离我而去。本来，我需要你像块巨石，任我推搡，你却不为所动，继续留在我身边；而在交谈中，你能容我不安分，又不失去你。除了交谈，任何方式与人相处，我总要被迫改变自己，取悦对方。

然而，琼上面这番话只反映了一个方面。另一方面，事实上，“真自己”充满了厌恨和破坏性的潜在力量，因而，任何事情，即便进入“真自己”，最终也无法存留：

> 首先产生的是恨。患者恨医生，因为他又把伤口打开 167
> 了；患者也恨自己，因为是自己允许医生打开伤口。患者相信，打开伤口会导致更多的伤害。所以，他真想一死了之，或者躲到某处，无人能及，与世隔绝。
>
> 所以，医生不得不谨小慎微，但患者最终还是会产生敌意。爱让你饱受伤害，敌意却不会，虽然敌意中也有伤害，但敌意让你重新焕发生机，而非始终冷漠、僵死。因着敌意，别人对你有了意义。
>
> 因此，医生只有跟在患者后面，直到他产生敌意。医生别无选择。然而，与此同时，医生又要防止患者因敌意而产生罪感。医生必须坚信自己有权进入患者的世界，正如父母有权进入孩子的房间，而不必顾忌孩子自己的意见。医生必

须坚信自己有权做正确的事情。

其实，患者非常害怕自己面临的困难。这些困难毁了他，所以他才担心医生卷进来，像他自己一样被毁掉，并为此深感有罪。鉴于此，医生不必顾忌患者是否同意他卷入。医生必须强行进入，一旦进入，患者也就不再有罪感。他会觉得自己已尽最大的努力去保护医生，而医生必须以自己的方式宣称："不管你怎么想，我进来了。"

琼继续说：

精神分裂患者的问题是，他们无法信任任何人。他们不能孤注一掷。医生常常不得不强行进入，而不管患者怎样反对。除非患者真的介意，或者深受激怒，否则他们并不会真正伤害你。他们想杀人，其实是希望让人复活，而不只是让人躺下死去。

爱属于不可能的事情，它首先把你变成孤弱无助的孩子。爱无法让患者有安全感；理解却不同，如果医生理解并满足患者的需要，他就会有安全感。

琼这番话意味着：患者害怕外部人事卷入自己的世界，这种畏惧将双向发展，既有好的发展，也有坏的发展。坏的部分将破坏自己，自己转而又破坏好的部分。

因而，患者的自己既空虚，又害怕摄入，为此忍饥挨饿。这样的自己渴望摄入，与此同时，它破坏摄入自身的人事，且反被破坏。如琼所说：

> 有人一生都在呕吐。你能感受他们可怕的饥饿，可是，他们却拒绝你的喂养。 168
>
> 乳房盛满爱，谢天谢地你拥有了这样的乳房，多么幸福；然而你又晓得，就像当年母亲的乳房，接近它的过程中，你会恨它，还有比这更悲惨的事情吗？你或许能爱它，但在此之前，你可能不得不恨它，这冲突会让你产生可怕的罪感。医生跟乳房的道理类似；所以，医生必须向患者表明他能感到这种恨，但能理解这种恨，也不会被它伤害。如果医生因患者的恨而受伤，事情就太可怕了。
>
> 你如此需要乳汁，但你又恨乳房。两者如此矛盾，你被其中的罪感所撕裂，这就是悲剧之所在。结果，精神分裂患者不得不兼顾三件事件：尽力得到乳汁，尽力去死，尽力不死。

最后这句话堪称经典，稍后再论。眼下让我们继续聚焦于患者的自己：它力避任何人事进入它内部，以免它（自己或客体）遭受破坏。这一过程应该怎样理解？

我们已经说过，患者的自己总想成为身外一切，因为对于患者，全部存在都在世界那儿，自己这儿则空无一物。

这种情况终将发展到这样的状态：患者之所是的每一样事

情，都会被患者感受为“非我”。患者将拒绝一切他之所是，他觉得，那无非镜中影像，来自异己的现实之镜。患者存在中的这种全面拒绝，使“他”（他的“真”自己）变成一个趋于消失的点。“他”不可能真实、实在，他没有实际的身份，或者说，没有实际的人格。因而，他之所是的每一样事情，最终必然沦入他的假自己系统，不仅包括行动和语言，还包括思想、念头，甚至记忆和幻想。这一假自己系统是各种偏执式恐惧的温床，因为接下来，假自己系统会扩展到这样的程度，一切都被包括其中，并被自己当作异己之现实的镜像（客体、事物、机械、僵死之物）加以否认。“自己”拒绝参与到假自己系统之中，因为后者变成了敌国侵占的领土，被异己、敌意、破坏性的伪政府所控制和左右。在自己看来，假自己系统存在于虚空之中，而且还是封闭的虚空，虽然一开始好像不那么可怕，时不时仿佛还有出路，如琼所述：

> 我觉得自己宛如置身瓶内。我能感到一切皆在瓶外，碰不到我。

169 然而，噩梦迅速降临。瓶子变成牢狱，把自己与瓶外一切完全隔绝。自己遭受空前的迫害，其程度超过以往自我囚禁的时候。本来，自己试图逃避可怕的命运，谁知结果更惨：

> 这座洞穴如此幽深，冷漠，

生硬，冰凉。
手触之处尽是岩壁，
处处裂缝，黑暗蛰伏。
我大体尚能呼吸，在这
幽暗的深处；不时
苟延残喘，渴望
空气，像沙滩上的鱼。
我囚禁于如此洞穴，
无门、无路；
身边唯有狱友，
人满为患，令我不堪拥挤。
一线微弱的光亮，
来自岩间的罅隙，
反衬洞穴中的黑暗；
潮湿，空气陈腐难忍。
人满为患，在洞穴中
用回声交谈；
竟有影子跟随他们，
在石壁上游移。
我不晓得自己的模样，
也看不清人们的尊容。
他们拥挤、践踏我，
有时，出于无意

——唯愿如此。心愿如此。
人群黑压压一片！
这洞穴越来越拥挤，
叫人害怕。然而
外面更可怕，
更为人满为患，在外面
我必粉身碎骨，因为
与这儿相比，我想，
外面的人群更喧嚣。
怕他们感染这儿，随时
践踏我（我想出于无意）
让我无处存身，
变成岩壁，
化为回声和影子，
与他们为伍，这些
影子和回声。
唉，我何其虚弱。
害怕。
外面我亦无处存身。
那儿人群更喧嚣，会把我
遣返洞穴之内。
外面的人，不需要我。
里面的人，不需要我。

我不在意。

岩壁粗粝、僵硬；

我也快成岩壁，僵硬，

僵死。哦，如此僵死。

在这儿被践踏是多么痛苦，

可他们并非有意，

仅仅出于粗心

——唯愿如此。心愿如此。

很想看清自己的样子；

却够不着那一线光亮，

一丝胆怯的光，被人群

无意间挡住——唯愿无意。

也怕看清自己的样子，

害怕发现：自己

跟这儿的人没有两样。

算了吧。

心愿如此。

扒开这座洞穴！

扒开所有锋利的岩石，

它们让我肢体血肉模糊。

放光线进来。

彻底大扫除！

赶走回声和影子！

消灭人们的梦呓！

171 给我炸药！炸毁这洞穴！

不过，稍等，现在还不。

我等待从这角落挺身而起。

那时，该我迈开步子。

瞧，我把你们踩在脚下，

你们，你们，你们！！

是否感到我脚踵的分量？

被践踏的痛苦？

哈！眼下，该我践踏你们！

你们哭了？

好。

瓶子变成了洞穴。残忍的石壁让她肢体血肉模糊。人们用回声和影子迫害她，她反其道而行之，迫害人们。

尽管如此，她仍然不敢放弃洞穴，哪怕这是一座恐怖的洞穴。因为，唯有这儿能让她觉得，某种身份得到了保证。

瞧！洞穴没了。

洞穴已然消失。但我

何时离去？

我找不到自己。

自己在哪里？

早已失去。

冷，我只感到冷，然而

相比洞穴里，这儿更冷。

如此、如此冰冷。

洞穴中，纵使我

不在，人们仍然践踏我，

出于无意——心愿如此。

是啊，我需要洞穴，

在那儿，我晓得身在何处。

我可以在黑暗中摸索，

感觉洞穴的岩壁。

人们也晓得我在，

他们践踏我，并非有意

——唯愿如此。心愿如此。

但外面呢——

我何去何从？

就此，沙利文的话准确得可怕。他说，即便最具“破坏性的青春型精神分裂”，即便这种病发展到最后，恐怕也不能说： 172
个体的“自己”已然完全失落或被彻底摧毁。事实上，哪怕病入膏肓，患者身上仍然存在着一个“我”（I），哪怕这个“我”（I）找不到“我”（me）。毋宁说，这个“我”（I）并未停止生存，只是无“我”（me）相伴，不具实体，已然非身体化，缺乏真实和身份。不错，认为“我”（I）缺乏身份，这种说法显得自相矛盾，然而，事情看来确实如此。精神分裂患者既不知道自己是谁、是什么，也不知道自己另外变成了谁、变成了什么。然而事实上，针对“我”（I）的心理治疗始终存在可能，既然如此，说明个体自己的残片始终存在。任何一位患者，只要尚能交谈，或实施某些完整运动，那么，他身上就应该存在自己的残片。

琼的病案和自述也说明了这一点。一方面，她竭力维护自身身份。另一方面，她又无法成为自己，做一个身体化的人；要这样做，她觉得既不可能，也不应该，且没勇气。如她笔下的诗中所见，她面临诸多难题需要解决：特殊的罪感和人格破碎。假自己系统性质很特别，它不具备稳定的能力来区分自身存在与他人存在。而且，这些难题又彼此密切关联。她说：

> 每个人都应该有一个美好童年的回忆。那时，他有一位爱他的母亲；母亲爱他，爱他整个人，甚至他的大小便。每个人都应该确信，那时，母亲之所以爱他，并非因为他能做什么，而是因为他就是他。每个人都应该有这样的童年，否则就会感到没有生存的权利，觉得自己从未降生。
>
> 一旦有了这样的爱，那么，无论生活中遭遇什么，受到

> 怎样的伤害，这个人始终能回顾过去，觉得自己可爱。他能够爱自己，并且无法被摧毁。如果没有这样的童年，他就可能被摧毁。
>
> 本已破碎的人只能被摧毁。我儿时的自己从未被爱过，我本已破碎。哦，要是在我儿时你能爱我，你就使我的生命得以完整。

琼继续写道：

> 我坚持要你揍我的屁股，因为我知道你绝不会喜欢我的屁股。然而，如果你揍它，你就至少用某种方式接受了它，我也因而接受了它，让它成为我的一部分，不必焦虑怎样去摆脱它。

按琼的自述，发疯赋予她某种独特性，这种独特性并非完全不可接受： 173

> 对我而言，很难不成为精神分裂患者。我自己很清楚，我不想成为一位史密斯（琼的家姓），因为要是那样，我只能是史密斯教授的孙女，不可能是别的什么。然而，我无法确信我会觉得是你的后代，我不敢肯定。我唯一清楚的是：我是一位“紧张症患者、偏执狂患者、精神分裂患者”，白纸黑字，写在我的病案中。这一点，至少很实在，让我有身

份、有人格。（然而，究竟是什么让你改变主意呢？）你希望我觉得自己像你的孩子，如果我确实像，你就会心意变化，就会关爱我。如果你喜欢真实的我，那我也能喜欢，我会允许自己只做自己，而不需要任何外在的身份。

最近我回了一趟过去的医院，有一瞬间，我几乎被怀旧的情绪压倒。过去在医院，我时常身处孤独。世界与我无关，与此同时，我内心有一个完整的世界，无人能进来，也无人能扰乱。所以，那天，有一刻我真想重返过去，感觉非常强烈，因为过去如此安全、宁静。不过，我随即想到真实的世界，我在其中有爱、有快乐。想到过去，在这座医院，我被囚禁于四面墙壁之内，顿时心生厌恶，厌恶过去。在过去，我只能幻想，从未得到真正的快乐。

过去，琼始终无法从内心找到自足的理由，让自己成为自主的人，成为自己。

她无力支撑真实的自主性，因为在她父母眼里，她这家伙，整天只晓得抱怨不停。

医生试图让我成为“好孩子”，弥补我与父母的裂痕。他们枉费心血，试图让我去适应父母。他们不明白，我想要的是全新的父母、全新的人生；我的内心世界，似乎没有一个医生能够严肃对待。他们不明白：我的人生何其可怜，何其需要改变。人们似乎意识不到：与父母和好，只会让我重

> 走老路，失去自己。就像一幅远景的全家福，你只看到照片里有人，却分不清谁是谁。重走老路，我就会这样失落在父母的家庭中。

此情此景，琼唯一的解脱之路，只能是空洞的超越：遁入她自己幻象的“世界”。哪怕她着手“成为自己”，也只敢模仿医生，亦步亦趋。而且之所以有可能这样模仿医生，乃因医生希望她痊愈。这一愿望虽属医生，但与她真实的愿望相一致，两种现实不冲突。琼接着说：

> 摆在面前的事实是：我之所以生存，是因为你希望我这 174
> 样生存，我的样子无非是你希望看到的样子。我真实的感受，无非是我可能让你产生的反应。假如我抓你，你也没反应，我就完了。
>
> 除非你对我满意，否则，我不可能让你满意。借助你的眼光，我反过来看自己，才可能看到满意的事情；否则，我只能把自己看作一个饥饿、痛苦的家伙，人人厌烦，以至于我自己也感到厌烦。瞧，我的胃如此饥饿，我真想把它掏出来扔掉算了。

就此而言，琼没有真正的自主性。借此我们得到异常清晰的见证：精神分裂患者的罪感怎样阻碍他成为他自己。争取自主性和独立性，本属不言自明，但对于精神分裂患者，仿佛分外之事，令他不堪重负，让人想起普罗米修斯的傲慢（hubris）。众所周知，普罗米修斯遭受天罚，被铁链捆锁于一块岩石，被一只鹰啄食内脏（“我的胃如此饥饿，我真想把它掏出来扔掉了事”）。事实上，这个神话可以如此解读：普罗米修斯部分丧失其独立身份，与捆锁他的岩石融为一体。如果不求完美，这个神话还可进一步这样解读：岩石和鹰，分别象征母亲的两个不二方面：一方面，个体被缚其上（岩石：“绝望的巨乳”）；另一方面，个体被其啄食（鹰）。内脏被啄食，继而重新长出，以便再次被啄食。内脏和鹰，两者的结合，正是一般进食周期的可怕象征。

对于精神分裂患者，喜欢某人意味着像那个人。也就是说，像一个人，等于跟那个人一样，等于失去身份。因而患者可能觉得，相比恨与被恨，爱和被爱更危险，更有可能使他丧失身份。

至于类精神分裂人格，我们已经指出，其基本的分裂是自己与身体的分裂：

自己 /（身体 – 世界）

借由这样一种分裂，个体自身的存在一分为二：一方面，“我”感（I-sense）遭到非身体化；另一方面，身体成为假自己系统的中心。

个体的存在被分裂为自己 / 身体（self/body）；同一条分界
175 线，也将经验的整体一分为二。

此时，存在两种情况。或者，上述分裂属于根本的分裂。或者，上述分裂伴随着进一步分裂：自己 / 身体 / 世界（self/

body/world）三者之间垂直方向的分裂，身体成为分裂的中轴。无论哪种情况，身体都占有特别的两可位置。

就经验而言，它的两个基本部分可表达为：

此　　　彼

一般情况下，两者会进一步分化为：

内　　　外

（我）（非我）

借助“我”感（the sense of "I"）的非身体化，类精神分裂的裂痕将破坏自己的正常感受（the normal sense of self）。身体未被稳定地经历为与非我（not-me）相对立的我（me）。于是，在此与彼、内与外的交界处，就有可能发生持续不断的混合、融合或混淆。

就类精神分裂个体而言，他们的人格分化为不同部分，彼此之间存在着各种关联 / 分化（relatedness/separateness）的难题；除非身体与他人相区分，否则这些难题无法得到正常的解决。自己并不必需自闭于防御性的超越。个体可以像某人，但并不需要就是那个人；感受可与他人分享（shared），但并不需要与他人感受混淆或融合，只需分清“此－我”（here-me）与“彼－非－我”（there-not-me）即可。然而，对于精神分裂患者，首要的区分在“内”与“外”的交界处，需要做出微妙和精细的区分，鉴别确属真自己的表达和显露。要是这样，自己就能真正身体化。琼就此写道：

我大哭，你却犯了可怕的错误，用手巾擦掉了我的眼泪。你不知道我多想眼泪淌下来。我对外界并非冷漠无情。要是你用舌头舔去这些眼泪，你就分享了我的感情，我会无比幸福。

琼好几次想死，她说，患者“的确想死，或藏身某处，不可
176 触及，一去不复返”。

死的欲望，非在的欲望，是人类身上最危险的欲望。在精神分裂患者身上，这两种主要动机合并为一种力量，可能在个体身上激发僵死状态。根本的罪感在于：个体觉得自己无权生活，只能任凭自己僵化枯竭，虽生犹死（death-in-life）；然而，另一方面，个体也可能采取最极端的防御姿态，放弃生活。后一种情况，个体视自己已死，既然已死，就不会再死，也不可能被杀死。此时，任何真实与生命的冲击，无论来自他人还是自己“内心的”感觉、情绪等，哪怕无可抗拒，带来致命打击，甚至被吞没，个体都不再害怕。精神分裂患者活在幻想的全能状态，因此产生焦虑；于是，在相反的方向，他们又活在幻想的无能状态，以消除相应的焦虑。

回到琼病中的问题，她无法违背父母愿望，无法做自己；她是女孩，父母却希望她是男孩，结果，她当然只能是——无（nothing）——什么都不是。

我希望被控制、被支配，希望知道你想要我成为什么。

在父母面前，我无法是男孩，他们希望我是男孩。然而，此外还希望我是什么，他们从来不清不楚。所以，我命中注定是努力去死的紧张型精神分裂患者。

下面是琼的另一段文字，就整个事情作了极为简明的表述：

既然是紧张型精神分裂患者，我就努力僵死、阴沉、呆滞。让母亲像抱着玩具娃娃一样抱着我四处转悠，她不是喜欢我这样吗？

我活像是住在玻璃瓶子里面。世界在外面，不可触及。

我只能以死逃避死。这听起来很荒唐，但事实正是如此：有一次，一位男孩让我深受伤害。当时真想跳进地铁轨道自杀，结果没有；反而，我进入轻度的紧张型精神分裂状态，麻木了。我想，如果不想因情感而死，就让情感去死吧。不错。我想，与其因自杀而伤害别人，不如干掉自己的感情。

当然，琼的相关材料含义丰富，允许不同的解读。我个人主要关心的是：琼如何经历自身“真”“假”自己，过程中的本质
是什么。我希望表明，我自己的解读应该尊重了患者的自我解 177
读，没有强加扭曲的成分，与此同时，也未否定其他不相“符合”的解读。关于琼的病案，她本人的语言直截了当，已然做出清晰的现象学表述，我们只需很少的努力，即可加以分析重建。

然而，如果我们面对一位处在病情活跃期的精神病患者，情况就不同了；此时，患者的自述可能让我们误入歧途。我们的任务则是突破“精神分裂语言”的阻碍，冒险翻译这种语言。这个任务
178 就是下一章的主题。

第十一章

荒园之魂：对一位慢性精神分裂患者的研究

因为，真理胜过一切怜悯……

——马克西姆·高尔基

初识朱莉叶（Julie），她二十六岁，已在一家精神病院的隔离室禁闭九年，成为一位慢性精神分裂患者，“退缩，无法接近”。朱莉叶的症状大概包括：出现幻觉，摆姿势，各类刻板、古怪、不可思议的行为动作；基本沉默不语，即便说话，也是最为“恶劣的”“精神分裂语言”（the most "deteriorated" "schizophrenese"）。朱莉叶入院即被诊断为青春型精神分裂，接受了一个疗程的胰岛素治疗，未获效果。此后病情再无任何起色。既然医院束手无策，她生理上很快就完全“垮掉”了。幸而，母亲参与了医院的护理，几乎全力以赴，让她的外貌有幸得以保持。

十七岁那年，朱莉叶表现出怪异的言行，无法理喻，于是父母带她去看精神病大夫。据当时病历显示，朱莉叶与医生谈话，过程中并未伴随特别不正常的肢体行为，然而，谈话内容本身已是充分的依据，诊断她为精神分裂。按临床精神病学术语，朱莉叶患有人格解体、现实感丧失（derealization）、自闭、虚无妄想、迫害妄想、全能妄想，另有末日妄想，外加幻听、情感枯竭，等等。

朱莉叶说，她的痛苦在于自己不是真实的人，她希望成为一个真实的人。她生活中没有幸福，她要努力寻找幸福。朱莉叶
179 说，她不真实；一道无形的界线隔开别人和自己；自己这边空虚无价值。所以，她担心自己影响、败坏别人，不敢做任何事情。谈到母亲，她要说的就多了。她说母亲正在闷死她，要叫她活不成，从来没想要她这个女儿，云云。事实上，母亲总是鼓励她交友、跳舞、打扮等等，因而她指控母亲，似乎毫无道理。

不管怎样，精神分裂的朱莉叶说："有个孩子被谋害了。"这是她的基本表述，然而相当含混，缺乏细节。她说，她听见弟弟的声音（然而她并无弟弟），不过那也可能是她自己的声音。那位孩子被杀时身穿她的衣服，可能就是她自己。谁害死了孩子，母亲还是她自己，她无法确定，但她准备报警。

十七岁发病那年，朱莉叶所说，基本就是上面的内容，其中透露了她的生存论真相：她不是人，她不真实。她说，她觉得自

己如此空虚、败坏，她渴望成为一个真正的人。对于她这样的说法，我们并非不能理解，但有必要格外强调：她的话是“寓言式”表达。不难猜想，她觉得自己不是人，必然是她指控母亲的理由，只是她的指控看起来相当荒谬，不着边际。结果，当她说“有个孩子被谋害了”，用一般的认知就很难理解。她无法与人分享，只能成为自身世界孤独的居民。

以下的篇章，我希望就其疾病做出本质的探讨。首先，既然她十七岁发病，那就该重点考察她此前的人生。

一位精神分裂患者的临床传记

专门研究某位精神分裂患者，需要恰当而充分的早期生活材料，这绝非易事；如果想做出创见性的研究，更须考察其生活史的方方面面，逐一付出艰苦的劳动。不错，凭借几次谈话，不 180
难得出一份“例行报告”，甚至写成一份所谓的动态定向生活史（dynamically orientated history）；然而，像本书这样的生存论分析，需要另外寻找必要的关键信息，这一点，怎样强调也不会过分。就朱莉叶这一特殊病案，整整好几个月，我与她母亲每周约谈一次，另有若干约谈，对象是她父亲、年长三岁的姐姐（此外别无兄弟姐妹）和婶婶。不过，众所周知，任何事实的采集，无法完全避免主观偏见的影响。例如，塞尔斯（Searles，1958）就指出过：精神分裂患者与母亲之间存在正向的情感关联。对此我绝对认同，虽然大多数研究者却刚好“错过了”这一发现。总之，我并不幻想自己可以完全免除偏见的影响。

就朱莉叶而言，父母、姐姐和婶婶形成一个人际小环境，影响了朱莉叶的成长。她在其中的生活，是这份精神病临床传记的核心内容，界定了这份传记的范围，主要的观照是朱莉叶的自身意识。当然，我们知道，患者的家庭只是更大社群的单元，不过，该社群各社会－经济因素，并未直接关联我们的问题。这并不是说，这些因素没有深刻影响家庭的性质以及患者的个性。但是，例如一位细胞学家，他在自己的细胞学研究中，引入了关于亲代关系宏观组织结构的知识，在此过程中，他占有的这种知识使他成为细胞学家。我们对朱莉叶的研究与此相似，为理解她怎样变成精神病人，我们研究她的家庭关系，过程中，又进一步引进非直接的相关因素，即更大范围和规模的社会学问题。基于这一逻辑，我认为，在这份临床传记中，朱莉叶的家庭究竟属于苏黎士的工人阶级，还是林肯郡的中产阶级，或者得克萨斯的百万富翁，并无本质区别。上述各个社会阶层的家庭成员，其人际关系中的人性可能（human possibilities）没有本质的差异。总而言之，我眼下研究的问题属于二十世纪的西方世界，而非任何其他时代或其他世界。二十世纪西方世界根本的特性是什么？我不知道，只知道这些特性决定了大同小异的人性可能。当然，心理学家不能忘记，一旦超出二十世纪的西方世界观，那么，即便同样
181 的临床人际小环境，也意味着迥异的结果。

对我而言，上面的简单说明确有必要。一位精神分裂的朋友告诉我，当代西方临床精神病学的发展，正在朝向“社会性蠢

笨”的方向，与此同时，在人际关系层面，苏联精神病学则尽显呆板；我亦有感于此。我认为，一份临床传记必须聚焦于人际环境，然而，不应该因此就转而构造封闭体系，排斥家庭关系之外的相关因素，这些因素对于严肃的研究自有其意义。

回到朱莉叶的病案上来。围绕她十七岁前后的人生，几位约谈者有自己个人的看法，但一致认同以下三个基本阶段的划分：

（1）患者表现好、不错（good），正常，健康，直到渐渐开始；

（2）变坏、糟糕（bad），其言行令人极为不安，总体上“越来越糟糕”，直到；

（3）无法容忍，此时，只能认为她完全疯了（mad）。

父母一旦“知道”女儿疯了，便开始后悔，怪自己醒悟晚了。母亲说：

> 她给我讲的事情非常可怕，让我厌烦。往后就发现她不对劲了……唉，多好的女孩子啊！不久她开始胡言乱语……唉，我们醒悟得太晚了！她会故意讲那些可怕的事情吗，恐怕不对吧？我相信她不会故意。我自责，又庆幸这只是一场病；不过，我早点带她看医生就好了。

好（不错）、坏（糟糕）、疯（疯了、发疯）是什么意思？如

果我们本来不甚了然，朱莉叶母亲一番话，竟让我们领悟良多。按父母的回忆，在他们眼里，女儿最初完全没问题：好、健康、
182 正常。接着，她的行为发生了变化，以至于身边所有重要的人都一致认为很“糟糕”。不久，她就“疯了”。

然而，父母根据什么标准判断女儿言行是好、坏或发疯？上述过程并未提供任何说明，却让我们看到另一条重要的信息：最初，女儿的行为模式完全符合父母心中“好”的标准，足以得到父母的赞扬。可是后来，她变“坏”了，变“糟糕”了；换句话说，她“做出来”这样的言行，让父母深感意外，难以置信。眼下我们暂时无法说明个中缘由，而只能看到这样的事实：朱莉叶的言行令父母瞠目结舌，不堪面对。最初他们试图安慰自己说，事情没那么严重；但是，随着朱莉叶的情形每况愈下，他们又无法接受，妄图搪塞正在发生的事情。接下来，朱莉叶不再埋怨母亲不让她活，转而指控母亲谋害了一个孩子，此时，父母一定顿感释然。既然如此，一切都可理解、可原谅了。“可怜的朱莉叶病了，所以她没有责任。她不会故意给我讲那些可怕的事情，怎么会呢？我完全不会这样想。为了做一位好母亲，我一直竭尽全力。”请记住末尾这句话，后面我们还会回来。

继续我们的思路。家里人都认同：朱莉叶经历了“好—坏—疯”三个阶段。需要指出，一方面，患者行为史很重要；另一方面，患者身边的人们如何理解患者也很重要。对于研究者，两者一样不可或缺，后面将就此给出概括的证明。不过眼下，围绕朱莉叶，我将首先考察一件重要的事情，信息来自和她父母的

约谈。

约谈中，朱莉叶父母并未隐瞒事实，也不想回避问题。总体上，夫妻二人非常希望提供帮助，不存在任何蓄意的保留。只是，在父母口中，有些事实被忽略、低估了，更确切而言，这些事实包含明显、可能的含义，而这些含义被父母忽略低估了。而我特别希望强调父母忽略和低估的方式。不过，也许应该首先按父母提供的框架，来归纳朱莉叶人生相关事件，借此简要说明她的人生。顺便指出，这一归纳主要依据与朱莉叶母亲的谈话。

第一阶段：正常的好孩子

儿时的朱莉叶，很容易满足。断奶也轻轻松松。一岁零三个 183
月就撤了尿布，干净利落。她总是照吩咐做。从不“惹麻烦”。

上面是朱莉叶母亲的基本表述，想要说明朱莉叶生来本是“好孩子”。

然而，按照母亲的描述，某种意义上，说明朱莉叶生来缺乏生命力，因为有生命力的孩子不容易满足，爱惹麻烦，决不会总是照吩咐做。母亲希望我相信朱莉叶生来就“不错”，但事实可能并非如此；相反，这个“不错”无非是这位 X 夫人（母亲）内心的理想，她据此来判断一个孩子。认识到这一点极为重要。有可能，朱莉叶并非那么“好”，也有可能，X 夫人害怕我指责她养育的失败，所以坚持说女儿本来很好。不管怎样，对我而言，事情的关键似乎在于：X 夫人视为理想的好、健康和正常，在我看来恰恰意味着内在的死亡（inner deadness）——这是生存论的眼光。从这种眼光来看，父母婶婶所描述的“好”朱莉叶，恰恰缺乏内在的生命力；不过这不重要，重要的是，小朱莉叶身边，没有任何成人拥有生存论的眼光，从而明白内在的生与死之别。要理解朱莉叶，需要把她从家庭关系系统中抽离出来，但还需要考虑她的家庭关系系统。正是这个系统，竟然对内在的死亡加以最高的肯定。

让我们回到X夫人上述基本表述，其中包含五句话，让我们逐一加以分析：

1. 儿时的朱莉叶，很容易满足。X夫人如是说。她还说，朱莉叶从不为吃而哭闹。她吃奶从不贪婪。她从不吸空奶瓶。她始终“嘤嘤咽咽”的样子。她不会“呼”一下子就胖起来。“她不找我索要，可我觉得她从未得到满足。”

按X夫人这番描述，在口欲的意义上，朱莉叶的饥饿和贪婪从未得到表达。我们看不到健康、饱满的欲望本能：拼命哭喊，狠狠吮吸，奶瓶吸得精光，然后心满意足、呼呼大睡。相反我们看到的是：她一直亏待自己，应该很饿，吮吸奶瓶却疏疏懒懒，不求饱足。作为研究者，我很想站在婴儿自身的立场，重建
184 这些早期经验。但是，眼下我情愿克制自己，集中精力于X夫人二十年后的回忆，其中包含若干可观察的事实；希望能从中得出我们所需要的结论。

前面已经指出，不错，朱莉叶父母婶婶描述了她儿时的肖像：生理上活着，生存上死掉。但这不是要点，要点在于：母亲

未能意识到事情的严重性，回忆女儿当年缺乏生命力的状况，她竟然始终沾沾自喜。从病因学上讲，我相信此点十分重要。孩子从不“索要”、哭闹，也不吸光奶瓶，竟未引起母亲的警觉。女儿基本的口欲本能得不到表达和实现，母亲意识不到问题的严重性，反而觉得“不错”。

X 夫人反复强调，朱莉叶一直“容易满足”。这并不是说：X 夫人不是奉献型的人。事实上，按她自己的说法，她向朱莉叶“奉献了自己的生命”。我们将看到，朱莉叶的姐姐小时候就贪心、不满足；有趣的是，对于这样一位大女儿，X 夫人就不予重视：“我只是任其自生自灭。”总体看来，X 夫人如此关注小女儿朱莉叶，恰好因为朱莉叶“容易满足”、从不贪心。不幸的讽刺在于，对于母亲特别付出的这一切，朱莉叶后来不仅不感谢，反而指责母亲从不让她自由成长。这当然会让 X 夫人觉得事情非常可怕。我认为，很有可能，某种遗传因素影响了朱莉叶的器质倾向，其本能需求和满足呈现相对的隐性。不过，如前反复强调，这并不重要。重要的是：这种相对隐性的器质倾向，导致小朱莉叶自身行动（self-action）的相对缺乏，而父母婶婶竟视为“好！”“不错！”而大加赞赏。一方面，小朱莉叶几乎完全无法实现本能的自我满足；另一方面，作为母亲，X 夫人完全未能认识到这一事实。两方面相结合，导致 X 夫人与女儿关系进入恶性循环。要理解这一互动的特殊性质，需要做出更深入的研究。 185

2. 断奶也轻轻松松。借由哺乳过程，婴儿首次与他人建立积极生动的关系，主动地与他人一道生活。一般而言，及至断奶，婴儿有望意识到自己的权利，拥有“自己的方式”；某种程度上，会感受到母亲是一位原型式的他者，具有恒久的意义。在此基础上，断奶不会太困难。这个阶段，婴儿通常会玩“断奶游戏”，比如把线卷扔掉，找回来，再扔掉，再找回来，如此循环往复。似乎，这个游戏正好体现了断奶过程中的中心问题：客体失去了，又回来了，又失去了……而且通常，婴儿按自己的方式掌握这类游戏，使其显得“很自然”，好像他能控制游戏。如前所述，在弗洛伊德那个著名案例中，小男孩握住线卷的线头把线卷扔出去，虽然这并不真是母亲的“围裙线头”。就此回到朱莉叶：有可能，到婴儿末期，朱莉叶并未形成上述自主性，没有自己的主意，无法按自己的方式掌握游戏。果真如此的话，她只是显得轻轻松松断了奶，其实这很难说是真正的断奶；因为她所放弃的，从来都没真正拥有过。事实上，在朱莉叶的病案中，甚至很难说有断奶这件事。当时，围绕朱莉叶，事情样样顺当，导致X 夫人几乎没有具体的记忆。不过有趣的是，她竟然想起来，她曾与女儿一道玩过“扔出去”的游戏。当时，朱莉叶的姐姐按通常方式玩起这个游戏，让 X 夫人感到恼火。如今她回忆说：“我要她（朱莉叶）跟我玩；我把物件扔出去，她捡回来还给我；最后我终于清楚了，她并不想跟我玩。”注意，当时的朱莉叶才刚刚能爬。

显然，这是角色颠倒。其中的含义不言自明。可以说，正是这样一种角色颠倒，深深影响了婴儿朱莉叶，让她未能发展出真正属于自己的生活方式。

据说，朱莉叶很早（刚满一岁）就会走路，而且，她会跌跌撞撞快速穿过房间走到母亲面前，要是做不到，她就会尖声喊叫。X 夫人回忆说，“朱莉叶害怕有任何家具挡在她和我之间”，正因为如此，当时房间里的家具都作了适当的调整。按 X 夫人 186
的说法，此事表明朱莉叶有多么爱她。到三四岁，只要 X 夫人片刻不在视线之内，朱莉叶就会“快疯了”。

这意味着，如前所述，朱莉叶并未真正断过奶，当然，此处所说并非生理学的断奶，就此而言，朱莉叶从未达到可以断奶的阶段。事实上，她从未确立自主的自身存在（self-being），因而无法面对在与不在的问题，从而未能形成独处的能力。不错，如果他人生理上不在场，朱莉叶的需要或欲望可能会饱受挫折；然而，朱莉叶的问题在于，她未能认识到，她自己的生存并不必需他人生理上的在场——就此而言，试图依靠他人来成为自己，必然无法实现自主性，反而会卷入基本的存在性不安。回到朱莉叶，她的悲剧十分吊诡：事实上，按 X 夫人的记忆，直到三岁，X 夫人离开她的距离，从未超出听力范围之所及。这就注定了朱莉叶的命运，无论 X 夫人在与不在，朱莉叶都无法成为她自己。

3. 一岁零三个月就撤了尿布，干净利落。关于此点，不妨首先指出，精神分裂患者可以具备早熟的身体控制能力，虽然，过程中他们如何与他人作认知的比较，暂且不得而知。悲哀的是，患者的父母却常常夸耀说：他们的孩子如何令人骄傲，爬、走、吃饭、大小便、说话、不哭闹……诸般早熟，长势喜人。然而，一方面是父母的骄傲，另一方面是儿女的实际状态，两方面关联何在，这个严峻的问题无法回避。换个角度我们还要叩问：孩子的行为是其自身意志的表达吗？在多大程度上是？事实上，孩子多么听话，或者，多么顽劣，这重要吗？重要的是：孩子是否觉得自己就是力量的源泉？抑或相反，他觉得自己的行动表面上出于自己，其实并不是，而是出于母亲；就好像明明被人控制催
187 眠，却假装自主。这种情况下，孩子的身体或许会熟能生巧，以便完成各项强加的任务，但绝不会有任何真正属于自己的行动，相反，所有行动都完全按照外部运行落实。回到朱莉叶的病案，显然，X 夫人一手炮制了她的行为方式，而可怜的朱莉叶，“她”却不在“其中”。日后，朱莉叶控诉说，自己从未成为人，就是这个意思。慢性精神分裂患者朱莉叶，她老说自己是口钟，“撞一下响一下”，是“听话的乖乖”。X 夫人控制了她的命运。

4. 她总是照吩咐做。关于讲真话还是撒谎，前面已然论及。有很多理由夸一个人顺从、听话，然而，总不能夸一个人说“他不得不顺从、听话”。X 夫人只希望拥有一位“听话的乖乖”，相反，女儿身上任何潜质，一概不得其认可。说来真是讽刺，在 X 夫人看来，女儿如此可爱、听话、干净，爱母亲爱到快要疯了，以至于无法容忍一张椅子的阻隔；为了这听话的乖乖女儿，X 夫人“奉献了自己的生命”。然而与此同时，她竟丝毫意识不到，有一天，女儿会被僵化成一样“东西”，由于过度惊吓，最终未

敢成为一个人。对此不幸的悲剧，二十五年之后，这位母亲依然加以否定。

5. 从不“惹麻烦”。事情越来越清楚了，婴儿初期以后，朱莉叶未能按通常规律形成自主性。X 夫人的回忆证明，朱莉叶未能发展、形成自己的行为方式，各项本能无法借由身体活动得到表达和满足。

一般而言，对于真实的乳房，婴儿都有真实的欲望，并能得到真实的满足；朱莉叶却是例外。不幸的是，X 夫人却自始至终认同、赞赏这种例外。

“朱莉叶绝不多拿蛋糕。你只要说‘朱莉叶，够了’，她就够了。”X 夫人如是说。我们已经指出，假自己系统的顺从，无非是厌恨或敌意的表达而已。X 夫人鼓励朱莉叶的顺从，朱莉叶则进一步发展这种顺从，两者之间恶性循环，直至精神分裂而“不可能”再顺从。X 夫人每天告诉朱莉叶今天会发生什么、她应该 188
做什么；结果，才十岁左右，朱莉叶就会每天先把这些内容开个清单，随后照此逐一办理。到后来，事情竟颠倒过来：如果 X 夫人拒绝照此办理，她就会哭哭啼啼，除非一顿痛打，否则没完没了。X 夫人如是回忆说。年龄稍长，给她钱她也不花，鼓励她说愿望她也不说，也不像别的女孩子买衣服穿、交友等等；反而，她要 X 夫人代她买衣服。总而言之，朱莉叶绝不自己作任何决定。

小朱莉叶令 X 夫人不安的事情，不止上面这些。例如，五至七岁的样子，她常常一边啃咬指甲，一边口中念念有词。又如，她从来就喜欢把话倒着说。再如，她用餐一直马马虎虎，每顿随便吃点；但八岁那年突然开始暴食，持续了好几个月，才渐渐恢复正常。

不幸的是，所有这一切，都被 X 夫人视为正常过程。然而事实上，这已然是惊心一瞥，提示朱莉叶内心潜藏着一个世界，它具有强烈破坏性，要爆发自己的欲望；当然，这又是短命的欲望，很快就会被制服、被湮灭。

第二阶段："糟糕的"阶段

转折和爆发从十五岁开始，朱莉叶的行为发生了变化，过去的"好"女孩，现在很"糟糕"。与此同时，X 夫人的态度也发生变化。过去她希望女儿尽可能跟在她身边，现在她开始鼓励女儿外出、交友、看电影，甚至跳舞和恋爱。可是，"听话的乖乖"现在走向反面，"固执地"拒绝这一切。她或闲坐无事，或独自逛街，从不告之何时返回。家里被她搞得凌乱不堪。十五岁了，还在沉溺于玩那个玩具娃娃，按 X 夫人的说法，她早该"戒
189 掉"了。记住这个玩具娃娃，后面我们还会回来。更可怕的是，朱莉叶开始谩骂母亲，絮絮叨叨，无休无止，但始终围绕同一个话题，指控她母亲不要她，不准她成为人，不让她呼吸，想闷死她。鲜明的对比是，她善待他人，唯独对母亲破口大骂。

到此为止，我们这份临床传记局限于朱莉叶与母亲 X 夫人的关系。为深入讨论，让我们简略考察朱莉叶的家庭全貌。

近年来，业界引进了一个新概念："精神分裂因子"母亲（"schizophrenogenic" mother）。最初这一概念遭遇质疑，被指涉嫌"迫害"，幸运的是逐渐被大家接受。这一概念见仁见智，但可作如下定义：婴儿呱呱坠地，即禀有各种本能的遗传趋向，以便在不同生命阶段形成基本的存在性安全感。围绕这些趋向，一位母亲可能促进或"强化"，也可能妨碍或阻挡，后者即可称为"精神分裂因子"母亲。当然，这样的母亲之所以产生，也存在不同的原因，此处略去不论。但是，我们愿意把这个概念从母亲推广到家庭，也就是说，存在着"精神分裂因子"家庭，它妨碍或阻挡孩子本能的遗传趋向，而非促进；因此，孩子无法与他人互动、共享（self-with-other），与真实的世界无缘。

一般而言，与他人相处是一个互动的过程，其间，个体当然希望做一个完整、健全的人；然而，由于各种复杂的原因，总有个体会遭遇异乎寻常的困难，无法像常人一样，借由常识（社会共觉）而经历自身，最终导致精神分裂。具体到孩子的问题，用黑格尔的话说，他们的世界其实与成人一样，是"一个被给定和被建构的整体单元"。只不过，对于孩子，这个"整体单元"的构成，来自父母（首先是母亲）企划的各种关系和事务。孩子幼小的时候，他的世界在父母手中大加简化。然而，随着能力的成长，孩子开始从混沌中摸索，形成模式，应对越来越复杂的事务，把握它们各自的特性和彼此的联系，如布伯[1]所说，逐渐进

1 马丁·布伯（Martin Buber，1878—1965），出生于奥地利，犹太宗教哲学家，二十世纪人类精神生活领域最有影响力的人物之一。——译注

入“一个具有可行性的世界”。

然而，也许母亲或家庭的企划并不适合孩子生存的要求。一旦如此，就会发生以下两种可能的情况。第一种情况：孩子被迫独自发展，形成自己特别的眼光和想象力，支撑自己的生活。诗人兰波（Rimbaud）就此有精彩的表述，威廉·布莱克也是成功
190 的典范，当然不是按世俗的标准。第二种情况：孩子疯了。若要追根溯源，需要回到最初母婴之间爱的纽带，这是一个双向的纽带。一方面，借此纽带，婴儿逐渐发展、形成“为自己的存在”（being-for-itself）。另一方面，同样借此纽带，母亲一直向婴儿推行她所“企划”的环境。在这样的格局中，婴儿面前基本上只有两种可能，一种是，他可以设法进入母亲所企划的环境，另一种是，他无法进入母亲所企划的环境。无论哪种，必然从根本上影响孩子一岁之内的生命经历，并借此影响一生。当然，环境的巨大作用，并不局限于一岁以内。事实上，从婴儿期、童年期直到青春期，环境一直是个体成长、发展的决定性因素。婴儿期之后各阶段，父亲或其他重要成员会卷入孩子的生活，产生重大影响，一方面体现于他们与孩子的直接关系；另一方面，他们影响孩子的母亲，再通过母亲影响孩子。

上述反思提醒我们，除了“精神分裂因子”母亲，还须有更全面的眼光，整体考量“精神分裂因子”家庭。至少，这样的考量可能鼓励家庭环境动力学的整体研究，超越单独针对母亲、父亲、兄弟姐妹的传统研究。

首先看朱莉叶的姐姐。姐姐大她三岁，已婚，直率而决断，

却不乏女性魅力和妩媚。按 X 夫人的说法，姐姐从小“难对付”，不满足，始终很“麻烦”。简言之，姐姐其实很“正常”，无非不讨 X 夫人喜欢而已。不过，这对母女看来还处得不错。姐姐认为，母亲喜欢支配人，跟她打交道需要勇气。“她一直只喜欢朱莉叶，可谓无微不至。”姐姐如是说。显然，姐姐儿时很早就达到了完整的自主状态。仔细观察姐姐的人格，可以发现不少神经症的迹象，但并未影响她的基本存在，迥异于朱莉叶的情况。姐姐儿时广交同龄朋友，就当时的年龄，都比朱莉叶大得多，可能双方难以接近。所以，朱莉叶只能幻想一位“恩惠姐姐”，并沉溺其中。她的“世界”鲜有美好之人，“恩惠姐姐”算是重要的一位。 191

现在来看朱莉叶的父亲，他是朱莉叶身边比较重要的真实人物。在 X 夫人眼里，他只是一头“性动物”；他则认为 X 夫人冷淡，缺乏热情。除了必须沟通的家务，夫妻二人别无多话。至于性欲的满足，他另外找人。约谈中，随时听到二人互相指责，却很少围绕女儿的不幸遭遇。诚如这位父亲所言，他基本上无可奉告，因为还没生朱莉叶，他已经“在情感上离开了家庭”。

约谈中，姐姐讲了两件事情，都对朱莉叶产生了深刻影响。第一件事情，X 夫人晓得，但不清楚真相；至于第二件事情，X 夫人没在约谈中讲过，这会放到后面讲。先讲第一件，当时朱莉叶十四五岁，尽管父亲不好接近，父女关系不亲密，但朱莉叶这边，看来还是比较喜欢父亲。父亲偶尔会带她散步，然而有一天，她独自一人哭着回来。X 夫人曾对我谈及此事，她相信父女之间一定发生了什么可怕的事情，可她无法知道究竟，因为朱莉叶坚决不告诉她。从那天开始，朱莉叶就和父亲疏远了。不过，她却向姐姐吐露了秘密：那天，父亲带她到了一个电话亭，她偷听到了父亲与情人之间一场“可怕的”谈话。

X 夫人这边，只要一有机会，就会对着两个女儿骂丈夫，试图博取她们的同情，离间她们和父亲的感情。然而，姐姐保持了中立；朱莉叶呢，显然也绝不想与母亲结盟，公开反对父亲。电话亭事件之后，朱莉叶只是中止了与父亲的往来，但从不向母亲透露个中秘密。父亲这边，如他自己所说，情感上已经离开家庭，所以不必向两个女儿指责 X 夫人，因为他并不需要她们支持他，反对母亲。父亲认为：“公正地说，她是个好母亲。我承认这一点。”他只是说妻子枉为人妻。姐姐看到双方的问题，但
192 保持理性、中立，不选边站队。如果选边，她会选母亲这边，反对父亲。不仅如此，姐姐也会支持母亲，反对朱莉叶。因为很显然，在日常的眼光看来，朱莉叶对母亲的指控全然荒诞不经，根本就是疯话。朱莉叶老说母亲要闷死她，叫她活不成，做不了人。姐姐认为，这些说法纯属“胡言乱语”，冤枉这个家庭。在姐姐看来，母亲最喜欢朱莉叶，忘我操劳，付出一切，怎么会不要她？母亲明明希望她健康成长，怎么说母亲压抑她、要闷死她呢？朱莉叶说母亲不让她做人，但事实上，母亲始终鼓励她交友、跳舞、融入社会。

回到姐妹二人的父母，他们的夫妻关系千疮百孔、歧路纷扰，作为父母，却有一个重要的共同点：两人不约而同肯定、赞

赏朱莉叶的假自己，否定、拒绝女儿假自己之外的一切。这一父母同盟严重影响了女儿的成长，尤其在女儿“糟糕”的阶段，其恶果更是不言而喻。在此阶段，朱莉叶拒绝顺从，反叛死气沉沉的生活，彻底悖离父母做人的现实标准，遂遭二人全盘否定。不仅如此，对于朱莉叶针对他们的谴责，二人竟又不约而同“毫不介意”。

然而事实上，在“糟糕”阶段，不仅朱莉叶在绝望挣扎，X 夫人亦然。在这一阶段，朱莉叶渐渐开始精神错乱，自称泰勒夫人，或曰“裁缝夫人”，意即“我是裁缝[1]制作的”。她说：“我是别人缝制而成的少女，制造、喂养、照顾、裁剪都靠别人。”我们说，这是精神错乱的陈述，并非因为它们可能不“真实”、不“正确”，相反，这些语言含义隐晦，犹如密码。一般而言，除非患者自己来解码，否则很难破译。不过，单单这些语言本身，其锋芒所指，已然难以反驳。朱莉叶当时十五六岁，这些陈述是扼要的谴责，直指 X 夫人对她的伤害。正因为如此，这些“胡言乱语”被 X 夫人作为她“糟糕”的罪证。如此精准的反击，难道事出偶然？只不过，X 夫人不愿正视，客观来说，也无法正视。然而，我们却借此意识到问题的关键：在朱莉叶的“糟糕”阶段，什么是最可怕的“精神分裂因子”？我认为并非女儿对母亲的攻击，甚至也不是母亲对女儿的反击，而是一种罔顾：身边所有人，从母亲、姐姐、父亲到婶婶，无不罔顾朱莉叶的陈述，

1 “Taylor”（泰勒）与“tailor”（裁缝）在英文中音形相似。——译注

这些陈述是否正确并不重要，重要的是，无人能够或愿意理解其中的含义。出于各自的心理逻辑，父亲和姐姐都未能看出朱莉叶
193 与母亲斗争的意义。此情此景，朱莉叶就像我们治疗小组的那位患者（参见本书第 37—38 页），她起而反叛母亲，并非为争论的胜负，而是要捍卫生存；而且，某种意义上，并非仅仅捍卫生存，而是拼死实现生存。我认为，我们应该看到，在此“糟糕”阶段，朱莉叶都十五六岁了，几乎还没有形成自己的“常识”，而家庭的常识逻辑却阻止“她”生存。母亲始终正确，完全正确，不容反驳。因而，当母亲说她很“糟糕”，她觉得这是谋杀。母亲否定朱莉叶任何自主的表达，只接受她那个顺从的假自己，至爱这个不幸的幽灵，甘愿为它奉献一切。甚至于，母亲试图激励这个幽灵，想叫它像人一样行动；与此同时，她却罔顾女儿真实的不安和痛苦，拒绝承认女儿身上潜在的各种可能性。这是朱莉叶“糟糕”的困境，让我们目睹她人生的生存论真相：凡是真实的可能性，无不被窒息、勒死、谋害。为了生存，为了呼吸，朱莉叶觉得，母亲必须承认自己哪儿错了；事实上，至少在某种意义上，女儿可能刚好说对了，那并非无意义的疯话。总而言之，我们可以这样来看待朱莉叶的言行，我们需要理解她，允许她把“糟糕”的自己或多或少投射给母亲，再从母亲身上主动获取正向的回馈。她不应该遭受这样的待遇：只能被规定、被给予。不幸的是，朱莉叶的家庭认为，我们这样的看法实属颠倒黑白。现实不相信眼泪。“糟糕”的朱莉叶，她人生的生存论真相进一步恶化，最终演变为生理上的事实。她开始产生妄想。回首

当初，她谴责母亲不要她活，无非围绕生存论的意义；随着病情的恶化，她的相关言行可能就有了妄想的成分，让人听来像是在说：在法律的意义上，母亲真的谋杀了一个孩子。于是，大家开始认为朱莉叶疯了。既然如此，家庭就不必反击朱莉叶了，疯子说疯话，何必认真为此辩护呢？相反，家庭借此同情、怜悯朱莉叶，而且明显从中大得安慰。当然，在这一点上，朱莉叶的父亲是个例外，他始终严肃看待女儿的疯狂言行，认为她必须对此负责。他从不承认女儿疯了。在他看来，女儿无非蓄意捣乱而已。

的确，朱莉叶的父亲没有“卷入”女儿的生死游戏。他认
为，女儿所作所为，不外是恶意的宣泄，足以表明其大逆不道、
忘恩负义。我们所谓的紧张型违拗症（catatonic negativism），在
他眼里纯属“胡搅蛮缠”；女儿的青春型精神分裂诸般病症，他
认为无非愚蠢的报复。家庭成员中，唯独他对朱莉叶不同情、不 194
怜悯。相反，他会时不时紧紧地抓住朱莉叶，扭住她的胳膊使劲
摇晃，要强迫她停下来，嘴里喊的是：“够了！”

第三阶段：疯狂

回到我们的阶段性思路。我们记得，朱莉叶的控诉直指母亲，她说，母亲想害死她。应非偶然，她十七岁那年，发生了一件相关的事情，可能促成了她从“糟糕”向疯狂的转变。

这件相关的事情，就是朱莉叶的姐姐告诉我的第二件事情。原来，从幼时开始，直到十七岁，朱莉叶一直保留着一个玩具娃娃。她常常躲在自己房间，为玩具娃娃穿衣打扮，跟它一道游

戏，个中细节不为人知，那是朱莉叶一个人的秘密；但有一点大家都知道，这个玩具娃娃，朱莉叶竟然叫它“朱莉叶娃娃”。不难想象，这其中透露出来的信息，会让母亲觉得事情越来越不对劲，所以，母亲坚持要求朱莉叶放弃“朱莉叶娃娃”，理由是她已经是少女了。结局很戏剧，有一天，“朱莉叶娃娃”竟然丢了，不见了。究竟谁的责任？无人知晓。朱莉叶指责母亲，母亲不承认，坚持说责任在朱莉叶自己。于是没多久，朱莉叶就听见有声音告诉她说：有一个娃娃，身着她的衣服，被X夫人打成了肉酱。朱莉叶说，她要报警。

然而事实上，“朱莉叶娃娃”丢了，责任既可能在X夫人，也可能在朱莉叶自己。要知道，在这第三阶段，即“疯狂”阶段，借由X夫人这位母亲的“内化”，朱莉叶心理内部已经形成了另一位“母亲”。而且，与外部真实的X夫人相比，这位内化而来的“母亲”更具原始的破坏性。就此而言，朱莉叶指控“母亲”扔掉了玩具娃娃，很有可能是在指控“她”，即她自己“内部的”母亲。不过，无论具体该谁负责，“朱莉叶娃娃”的丢失，最终导致灾难性的结果。须知，朱莉叶明显与“朱莉叶娃娃”高度一致，跟这样一个娃娃玩游戏，娃娃就相当于她自己，而她相当于娃娃的母亲。很有可能，在这样一种游戏中，朱莉叶变成了糟糕的坏“母亲”，而且越来越糟糕，越来越坏，最终杀死了玩具娃娃。后面我们会看到：精神分裂的朱莉叶身上，糟糕的坏“母亲”呼之欲出，呈现于举手投足之间。当此关头，假设真是X夫人扔掉了“朱莉叶娃娃”，并公开承担责任，结局或不至于如此悲惨。本来，朱莉叶的心智已然风雨飘摇，身处疯狂阶段，更是岌岌可危，糟糕的坏事情铺天盖地，如果能转移一点给她真实的母亲，或可缓解事态；不幸的是，这点希望，她无法凭正常方式达到。最终，精神分裂不幸爆发。 195

荒园孤魂

> ……一部机器，本来按整体协调装配，运行到某一阶段，其内部联系会发生分离，实际上变成一组零部件，各自保持不同程度的独立。
>
> ——诺伯特·维纳[1]：《人有人的用处》

以下讨论不仅针对朱莉叶，也针对其他青春型 – 紧张型慢性精神分裂。不过，这些讨论不打算概括所有类型的慢性精神病，它们各自呈现不同形式的显著分裂。还须指出，这些讨论尤其不适合偏执型精神病，其患者人格，相比朱莉叶这样的患者，具有较大的整合性。

前面我们看到，朱莉叶的自身存在（self-being）已然破碎不堪，即便用最保守的眼光看，也只能描述为一种僵死的生存，虽生犹死（a death-in-life existence），每况愈下，渐趋向混乱的非在。

朱莉叶并非完全疯狂、绝对混乱、了无身份。但是，与她相

1　维纳（N. Wiener，1894—1964），控制论创始人。——译注

处太久，就会产生“早发感”[1]（praecox feeling），诚如德国精神病学家所描述：与某人相处，竟无法感受其存在。你亲耳听见朱莉叶在说话，却感受不到朱莉叶，只感受到她一堆破碎的自己。事实上，与一位精神分裂患者对话，很难分辨对面究竟“谁”在说话，也很难知道我们在对“谁”说话。

的确，听朱莉叶说话，我常常宛如置身一个团体互助治疗小组，不得不面对一大堆胡言乱语，应付各种杂乱无章的态度、感
196 觉和冲动。患者的语调、姿势、表述变幻莫测。最终，我收集了大量不同时间的言行断片。对于语言类，根据语调、词汇、语法或前提的异同加以辨认、分类；对于行为类，借助确定的刻板姿势或表达习惯，找出行为之间的关联。精神分裂的朱莉叶，身上具有各种不同“人格”，分别呈现为不同断片或零碎元素，我必须同时面对。她的语言就像一盆“沙拉”，借由不同的“准自主子系统”（quasi-autonomous partial systems）杂拌而成，其中每个子系统都想拼命表达自己，同时挤在同一张嘴里。

朱莉叶不仅谈自己，也谈另外的人，上述特征就更为突出，混乱也几乎等量增加。事实上，精神分裂言行的所有侧面无不如此，所以，必须对患者有更深入的了解，进一步讨论才有可能。

---

1 早发性痴呆这一术语，过去通常指一种青春期精神分裂，后果一般是慢性精神病。我认为，此处所谓“早发感”，有类于《哈姆雷特》中俄菲利亚发疯之后观众的反应。从医学角度来看，俄菲利亚无疑属于精神分裂。她疯了，仿佛就不存在了。她似乎不是人，其言行无法表达完整的自己，其疯话无可理喻。她已然死去，剩下一片曾经是人的虚空。——原注

借用化学上的“分子”和“摩尔”概念[1]，雅内[2]对分裂作了区分，定义为摩尔和分子两个水平。例如，癔症分裂人格属于摩尔分裂，精神分裂则属于分子分裂。朱莉叶身上，看来同时存在两种分裂。她的整体存在分裂为若干“零部件”或“子系统”（准自主“情结”“内客体”），它们各有其小型的刻板“人格”（摩尔分裂）。更深入的考察会发现，具体的连续行为也分裂为更细微的表达方式（分子分裂），例如，甚至用词（words）也会分裂，无法保持完整。

因而，面对朱莉叶这样的病案，我们自然会感到“棘手”，产生“早发感”。她没有完整的存在，大体上，只是一堆“准自主子系统”的“沙拉”；可以进行某种语词上的来往，但很难和“她”对话。不过我们必须提醒自己，本质上，绝不能用机器来类比，因为即便几乎是“混乱的非在”，也绝非不可逆。有时，
朱莉叶会勉力振作自己，为摆脱绝境，做出感人至深的奋斗；与 197
此同时，由于复杂的原因，她害怕那种融合的时刻，与人相处让她感到强烈的焦虑；更不用说，回首自己人格解体、精神崩溃，其过程是如此可怕。最终，她只好躲进虽生犹死的状态：破碎、虚假、僵死。

让我们稍加总结。作为慢性精神分裂患者，朱莉叶的人格特征可以这样来概括：她丧失了整体性，陷于分裂状态，分裂后的

---

1 此处借用化学术语。摩尔高于分子一个级别，表示高一级的行为单位。——译注

2 雅内（P. Janet，1859—1947），法国心理学家、精神病学家。雅内认为，学院派心理学和精神病临床治疗应该结合。这一主张影响了法、美等国业界。——译注

断片可称为“零部件”、组合件、“内客体”等，即“准自主的子系统”，它们各自具有可辨认的特征和形式。从这样的假定出发，让我们来尝试理解朱莉叶行为的各项特征。

按刚才的总结和假定，目前我们面对的事实是，朱莉叶的自身－存在（self-being）未能得以整体的组装，不幸分裂为不同的零部件，或曰“准自主子系统”。这一事实意味着：朱莉叶身上不可能存在相关的各项功能，这些功能是人格建构的前提，帮助个体人格到达理想或较高的水平。朱莉叶身上确实不存在这些功能。

人格统一是反思意识的先决条件。反思意识让个体意识到自己的行动，其过程保持在相对自然（relatively unselfconsciously）的状态。在朱莉叶身上，每一“准自主子系统”都能够意识外部客体的能力，但是，两个彼此分离的子系统，可能意识不到对方内部正在进行的事情。例如，朱莉叶跟我谈话，意味着某个子系统正在“讲”；然而，既然朱莉叶不是完整的整体，所以“她”无法作为整体的人意识到该系统正在“讲”。

反思意识看来是“记忆”的先决条件。如果缺乏反思意识，“记忆”必然七零八落，成为一锅杂烩，过去的一切仿佛同时发生。所以，要为自身存在划定清楚的意识“边界”，必须有统一的整体经验为基础，然而，朱莉叶缺乏这一基础。不过，我们也不能因此就说，朱莉叶完全缺乏上述完整（overall）“边界”。这意味着，我们不能满足于费登的自我（ego）边界理论；相反，需要寻找另外的用语来描述整体（the total），费登的自我（ego）

只是该整体之内的一个部分。事情宁可这样说：在整体之内，每一系统看来都有自己的边界。例如，我们可以这样来表述：相对于某一子系统特有的意识而言，另一子系统倾向于外向的表达，云云。假设朱莉叶的存在是一个完整的整体，其中一个部分 198
相对其余部分显著“失调”，就必然产生痛苦的冲突。然而，如前所述，朱莉叶的存在不具整体性，所以，在她内部不可能产生痛苦的冲突。此时，我们“从外部”看到，她内部的子系统纷纷活跃，互相冲突；而且，每一子系统内部，似乎又有其自身意识作为焦点或中心，并具备自己有限的记忆图式、有限的知觉组织方式、准自主的驱力或分驱力、维护自身自主性的趋向等等。而且，每一子系统都要面对各种特殊危险，随时准备捍卫自己的准自主性。自己内部这些不同的子系统，朱莉叶会视为“他”或“她”，并与之进行“你－我”式的交谈。这意味着，对于这些子系统，朱莉叶缺乏反思意识，在“她”看来，这些子系统的活动好像不属于“她”，而属于外部世界。换句话说，她产生了幻觉。

朱莉叶无法接受自身存在内部的不同的子系统——自己不同人格部分；与此同时，她无法区分什么属于她、什么“客观上”不属于她。这一点，再次证明朱莉叶的存在缺乏完整的边界。例如，她会觉得脸上的雨水是自己的泪水。

威廉·布莱克写有《先知书》，描述存在的分裂，包括这样一种倾向：变成自己所知所觉之物。朱莉叶正是这样，在她身上，各种知觉都有可能与客体相混淆，相当危险，令她与自己纠缠不清、难以自拔：“那是雨。我可能是雨。”“那是椅子……那是墙。我可能是墙。女孩子做墙太可怕了。”朱莉叶如是说。

看来，任何知觉都威胁她，让她害怕湮灭、消失。与此同时，被他人所知觉，同样让她感到危险。这意味着，朱莉叶的世界充满折磨，无法逃避。不仅如此，她觉得自己对别人做了什么，别人就会跟她一样不幸，她害怕这样的不幸。任何知觉性的行动都让她陷于自己和非自己的混淆，难以摆脱。这是因为，她的大部分子系统都逸出其“自己”，投射到外界去了。在那儿，这些分裂的人格断片容易与他人相混淆，例如，她的“良心”（conscience）与母亲相混淆，反之，母亲与她的“良心”相混淆，等等。

所以，在朱莉叶看来，爱非常危险。对她而言，喜欢 = 像 = 一样。如果她喜欢我，就意味着她像我、是我。根据这样的逻
199 辑，朱莉叶说她是我的妹妹、妻子，是我的好新娘。她说我是生命，那么她就是生命新娘。她自作主张改变我的生命。她又说她身怀生命树[1]，那么，根据刚才的逻辑，她就是生命树。换成我们的说法：

她在思考思想 a、b、c。

我表达了与之切近的思想 a_1、b_1、c_1。

那么，我偷窃了她的思想。

---

1 参《圣经·创世记》第 2—3 章，与“分别善恶的树”（智慧树）对应。——译注

这就是朱莉叶精神紊乱的思维方式，这种方式当然有其极端表现，事实上，她指控我窃取了她的脑子。

也有相反的情况。一旦她觉得抄袭或模仿了我的言行，哪怕微不足道的小事，只要“显得”是窃取了我，她就会表示愿意接受我的惩罚。须指出，这样一类边界融没的现象，程度因事因时而异。刚才所谓“窃取”本身就是一个例子，因为这一说法已然预设了某种边界，划分了自己与非自己（not-self）。

上述各点，可举以下例证。

第一个例子最简单。朱莉叶会向自己发出指令，并着手执行，其时，她的存在便分裂为两个“零部件”，即两个子系统。她反复默念、发声，也可能借助幻觉，表现出这样一种分裂。“她”会说：“坐下！起立！”与此同时，“她”就会坐下，起立；有时候，某一子系统会借幻听的声音发出指令，“她”作为另一子系统就会执行相应的行动。

第二个例子比较简单，经常出现。一旦“她”谈论某件事情，“她”会发出嘲讽的笑声（思想和情感的不一致）。例如，子系统 A 对我说：“她是女皇。”与此同时，子系统 B 便发出嘲笑。

上述过程中，会发生许多类似“干扰”的现象。例如，子系统 A 开始述说一些事情，相对连贯，继而混乱；于是子系统 B 便开始述说，过程中，子系统 A 可能突然插话：“她（子系统 B）窃取了我的声音。”

一旦认识、了解朱莉叶，至少就某种范围而言，就会在她身上发现一个内部人格的“集合”，包含了各种具有连贯性的角色。

借助这些角色，可以识别各种不同的子系统。

200 例如，“集合”中有一个专横的恶棍，总是命令朱莉叶干这干那。与此同时，这个恶棍又不断向我抱怨“这孩子”，“这孩子真讨厌……这孩子没用……这孩子下贱……这孩子你别指望什么……”，此处的“你”可能直接指我，也可能指她自己的一个子系统；当然，我也可以代表、体现这一子系统。

多数时候，这个内部的恶棍明显是一位“头儿”。“她”不大考虑朱莉叶自己的需要。“她”不认为朱莉叶会变好，也不认为应该帮助朱莉叶变好。“她”既不站在朱莉叶一边，也不站在我一边。这一子系统可以恰当称为“内部的坏母亲”，基本上可以说，她是朱莉叶内部的一位女性迫害者，身上集中了朱莉叶归咎于 X 夫人的一切糟糕事情。

另外两个子系统也能识别出来。其中一个在我面前充当朱莉叶的捍卫者，反对“头儿”的迫害。“她”通常把朱莉叶看作她的小妹妹。从现象学上说，可以把这一子系统看作“她的好姐姐”。

我要谈到的第三个子系统是一位完美、顺从、善解人意的女孩子。她大概是多年前某个子系统的产物，该子系统十分接近于我所描述的类精神分裂的假自己系统。她会说：“我是个好女孩。我按时去洗手间。”

此外还有一些可分辨的部分，大概来自“内自己”，它们几乎完全抽象化，成了纯粹的可能性。最后，如我前面所说，还存在一些不稳定的正常阶段。在这些阶段，朱莉叶声音微弱，几不可闻，表明情感遭受了惊吓，但比任何时候都更像“本人”。

上述各种不同的子系统也可能共同运作，不妨略作考察。朱莉叶讲过一些相对连贯的话，正好用来作为例子：

> 我生在黑太阳底下。我并非生出来的，而是被垮出来的。跟你这方面了解的不一样。母亲没养育我，她要闷死我。她不是母亲。我正在挑一位母亲。够了！够了！她要杀死我了！她正割我喉咙！我是坏人，下贱。我缺德。我是废物…… 201

有前面的讨论作铺垫，让我来分析朱莉叶这些话，看看究竟发生了什么事情。这些话正是朱莉叶“本人”的语言，仍然在指控多年来 X 夫人对她的伤害。只是，她这次的表达特别清晰明了。“黑太阳”（sol niger）显然象征破坏性的 X 夫人，整句话不断重复 X 夫人的意象。开头六句是正常话。接着，像是突然遭到某种可怕打击，大概来自她内部的坏母亲。于是，内部人格的某种危机发作，朱莉叶崩溃。“够了！够了！”她朝我短促呼告，“她要杀死我了！”最后几句貌似诋毁自己，其实是针对内部坏母亲的防御性反击，使用的语言，完全就是坏母亲对她的指责：“我败坏，下贱。我缺德。我是废物……”

对 X 夫人的指控总是容易激发这样的灾难性反应。后来我们又有一次谈话，过程中，朱莉叶又开始指控 X 夫人，内部的坏母亲则施以惯常的指责，阻止“那坏孩子”：“瞧那坏孩子！那孩子真讨厌！是个废物！”我打断朱莉叶，说：“朱莉叶她害怕说这些事，担心因此害死自己。”等我说完，谩骂不再继续，但“她”异常平静这样回复我说：“是啊，要杀我的，其实是我自己的良心（conscience）。我始终害怕我母亲，难以自拔。你觉得我还有救吗？”这是一场相对完整的谈话，充分证明她的“良心”与X夫人两相混淆。事实上，她的“良心”就是她内部的坏母亲，对她施加迫害。如前所述，朱莉叶无法让X夫人接受她的真实需要，于是，她把一部分“良心”投射给X夫人，这可能是朱莉叶的“精神分裂因子”之一。如果X夫人真心面对朱莉叶的指控，多少承认这些指控有些道理，朱莉叶就能借此了解X夫人的缺点，其“良心”的迫害会得到某种缓解。下面，让我们转向朱莉叶内部的“大姐姐”：

> 这孩子不想来这儿，你没看出来？她是我小妹妹。不该知道的事儿，她都不知道。

202 这是朱莉叶内部的“大姐姐”在说话，要我明白朱莉叶单纯、不懂事，因此也不懂害羞和责任。“小妹妹”是一个子系统，无知、单纯；与此相对照，“大姐姐”也是一个子系统，其“人”懂事、负责、善意，晓得保护别人，但也喜欢以保护人自居。对于成长中的“小妹妹”，她并非以第三者身份表示支持，而总是以保护人状态“代替”她说话。所以，她希望保持现状，而且会说出这样的意思：

> 这孩子脑子坏了。这孩子脑子不开窍。你竟然想给她开窍。为这件事我饶不了你。这孩子死了，不过也没死。

最后一句是说：如果“这孩子”某种意义死了，那么，另一种意义上她就没死。反之，如果她敢于“真的”活着，那么她就可能“真的”被干掉。

不过，这位“大姐姐”也会说这样的话：

> 你得爱这孩子。你得让人喜欢她……你得关心照料她。我是好女孩。她是我小妹妹。你得带她上洗手间。她是我小妹妹。她不懂这些事儿。这孩子并非没指望。

这位内部的“大姐姐”富于经验、知识、责任、条理；“小妹妹”则单纯、无知、任性、不谙责任。两者形成鲜明对比。我们还看到，朱莉叶之所以精神分裂，并非只是因为她缺乏“正常”核心，更因为她完全缺乏整合机制。作为朱莉叶存在中的一个子系统，“大姐姐”说话有条理、正常、有分寸，但并不代表朱莉叶本人。不妨这样说：朱莉叶的正常遭遇了分裂、封闭。朱莉叶可以借由一位内部的“大姐姐”正常说话，但这并不代表她真正的正常；除非自身整体存在得到统一的整合，否则她不可能拥有真正的正常。客观来说，她把自己视为“小妹妹”和“大姐姐”之外的第三个“自己”，或者说，第三个子系统。解开这个秘密，帮助我们进一步理解朱莉叶的人格结构。例如，至少就刚才而言，

“大姐姐”对我讲话，为什么会突然说一句“我是好女孩”？其实，这并非“大姐姐”的话，而是“小妹妹”突然插进来的话。

最后要说的是：朱莉叶针对自己的言行，也可能转而针对我。这种情况下，上述她的这个“自己”，就会表现出完全的精神错乱，话语表述高度浓缩，含义隐晦，可能是她“自己系统”（self system）的碎片。解码这些表述，则不难证明，这一子系统可能衍生于幻想化的内自己，前面我们描述过这种内自己，它是
203 一种清醒的类精神分裂状态。

本书前面的章节已经指出，这样一种类型的自己，可能会卷入非常极端的悖论，例如，同时经历幻想性的全能 / 无能，等等。在这个自己的经验中，包含着各项现象学的特征。朱莉叶的“自己”，情况基本相似。不过，对于朱莉叶这一具体“自己”的经验，不能简单套用现象学的普遍规律，而必须进行现象学的重建。为此，我们必须首先转译其精神分裂的症状，使之呈现为正常语言。有必要再次强调：在这样的背景上使用“自己”一词，我并不想说这就是朱莉叶的“真”自己。不过，她的“自己系统”似乎的确包含着一个凝聚点，围绕它可能发生整合。只是，如果发生与整合相反的解体，那么，她的“自己系统”作为“中心”，似乎就难以为继。这意味着，这个凝聚点，或者说这个“中心”，看来既是向心的原点，也是离心的原点；所以，它是朱莉叶存在中真正疯狂的核心，是她生存的基点。为了保证她自己活下去，这个“中心”不得不表现为这样一种不幸的状态：既混乱，又僵死。

下面我将努力刻画这一“自己”的本质，所借用的表述，有的直接来自这一“自己”子系统，有的可能来自其他子系统。至少就这一“自己”本身而言，这样的表述并不多见。朱莉叶精神分裂长年住院，话语的表述多半处于严重的压缩状态，呈现为重复的电报式短语，然而，其中包含着丰富的信息。

如前所述，朱莉叶说，她身怀生命树，她的乳房则是生命树上结出的生命果。她拥有十个乳头（其实是她的十指），拥有“一个苏格兰高地步兵旅的全部骨骼”，等等。凡所思所想，她即刻拥有。然而，任何所望之物，她拥有之时，即刻失去。任何意愿或恐惧，了无现实的阴影或光亮。每一意愿瞬间便得到幻想的满足，但相应的恐惧也瞬间袭来，借幻想肆虐。于是，她可以是任何人，可以在任何时刻置身任何地方。“我是丽塔·海沃丝，我是琼·布朗德尔。[1] 我是女王。我的王室姓氏是朱莉叶尼。”朱莉叶告诉我，“她自我满足，自我占有。”然而，她所谓自我占有是一柄双刃剑，自有其黑暗的锋面。事实上，她被自身存在的幻象所“占有”。相反，在现实世界，她了无自由，无法自主，软弱无能。她如此在乎自己是谁谁谁，希望自己想是谁就
是谁；不幸的是，正因为如此，她谁也不是！“我是众生。我贯 204
乎众生之中，判别众生。我谁也不是（I'm a no un）。”她的意思是:我是一位修女，我是一项名词，我是一个无人称的单数，[2] 云

1 二位均为好莱坞影星。——译注

2 no un(“不是东西”)、nun(修女)和 noun(名词)，音形相似。——译注

云。须知，修女一词有诸多含义，其中之一，与新娘恰成对比。她经常视我为兄长，称我为“忠诚可爱鲜活的生命”，并自称为我的新娘，嫁给了这“忠诚可爱鲜活的生命”。既然如此，朱莉叶不时会进入与我同一（identical）的状态，此时必然的结果是：一方面，她视我为生命；与此同时，她又恐惧这生命，因为她恐惧自己；这时她会说，生命（我）会把她砸成肉酱，用通红的钢铁灼烧她的心，砍下她的四肢，割掉舌头和乳房。她如是想象这生命，穷尽她自己可能的词语，使之充满最极端的破坏性。不用说，这样的生命，本质上与我无关，也与我身上的器官无关，一切纯粹出于她自己的想象（例如我的男性生殖器被她想象为通红的钢铁）。事实上，我不过是她所想象的生命。吊诡的是，虽然她声称自己身怀生命树，但总体上，她觉得自己是生命的破坏者。所以，不难理解，她会恐惧生命，害怕生命会摧毁她。她常用男性或男性生殖器来刻画生命，然而，她的指望并非仅仅自身成为男性，而且，还要拥有超强的两性全套器官、“一个苏格兰高地步兵旅的全部骨骼”、十个乳头等等。朱莉叶说：

> 她生在黑太阳底下。
> 她是西边出来的太阳[1]。

黑太阳，这是古老的意象，含义颇为不祥。它悖离常规，难

1 occidental sun（西边出来的太阳）和 accidental son（意料之外的儿子）音形相似。——译注

以理喻。朱莉叶十四岁辍学，读书极少，人也并不特别聪慧，所以，很难想象她竟会拥有如此意象。眼下，暂无必要深究她的人生如何孕育了这一象征。然而，我们不妨集中精力，透过她的表述来理解她的存在（being-in-her-world）。

朱莉叶一直坚持说，母亲根本不想她生下来，不情愿她正常生下来，所以把她“垮”出来，其过程令人发指。她说，母亲“想生又不想生”一个儿子；而她，不是儿子是女儿。事实如此不堪，所以她说，她是“西边出来的太阳”，既指“太阳从西边出来”这种不可能之事，同时也强调：自己就是儿子，但只是“意料之外的儿子”，可惜，母亲的厌恶把她变成了女孩。黑太阳的光芒把她烤焦、让她枯竭。在黑太阳之下，她生息几无，苟延残喘。因而：

> 我是大草原。
>
> 她是毁弃之城。 205

大草原上，唯一有生命的事物是野兽。毁弃之城是老鼠的领地。她的生存只能呈现为荒废的意象，全然贫瘠、枯涸。这是生存之死；她的存在虽生犹死（death-in-life）。

> 她是荒园孤魂。

如此这般的死亡景象，看不到任何希望、未来和可能性。一切已然发生，却了无快乐，既不满足，也不满意，因为世界只剩虚空与死寂，与她自身无异。

水罐破了，井也枯了。

她茫然无措，绝无期盼。爱之可能于她荡然无存，不可寄望。

她活在世上，是众多女孩子中的一员。但是，人人假装喜欢她，其实厌恶她。所以，我的生活毫无意义。

但是，如前所述，她并未放弃珍爱自己，哪怕暂时凭借幻想的方式。信念并未熄灭。精神无论怎样错乱，依然是一种信念，守护着什么内在极为珍贵的价值。这些价值失落在她生命内部，埋葬于未知的处所，有待她自己或别人来发现。如果有谁掘进这片黑土，或许会发现“闪亮的金子”；要是有人潜入这片深水，就可能找到“海底的珍珠”。

（正文完）

译后记

《分裂的自我》是一部精神病学专著，作者莱恩是一位精神病学家。

然而在精神病学史上，莱恩却被定义为“反精神病学家”，他和他的工作，被归入“反精神病学”的路线、范畴和阵营。

二十世纪六七十年代，“精神革命”席卷全球，从东方到西方，从纽约到巴黎，撼动文明根基，造成了巨大的社会动荡。而这样的“精神革命”，即与“反精神病学”密切相关，而且某个意义上是“反精神病学”的结果。如海涅所说：精神走在行动之前，恰如闪电走在雷声之前。“反精神病学”思潮的第一道闪电，便是《分裂的自我》(1960)。往后依次才是：托马斯·沙茨(Thomas Szasz)《精神病学的神话》(1961)、米歇尔·福柯(Michel Foucault)《疯癫与文明》(1961)、戈夫曼(Erving Goffman)《收容院》(1961)、肯·凯西(Ken Kesey)《飞越疯人院》(1962)等。从发表时间上看，《分裂的自我》位于一系列著述之首，确属滥觞之作。在轰轰烈烈的二十世纪六十年代，莱恩与萨特、福柯并肩战斗，频频应邀赴美讲学，亮相媒体面向大众，被欧美青年们拥立为文化先锋和精神偶像。二〇一〇年，为纪念《分裂的自我》出版五十周年，两位专家主编了《莱恩：纪念〈分裂的自我〉五十周年》，于二〇一二年由英国 PCCS 出版社（专门出版心理学和精神病学专业书籍）推出，开篇引述当代精神分析大师、时任英国精神分析协会主席的温尼科特一九五八年七月二十八日致莱恩的信："……初读您的手稿，非常激动，当即去过电话找您。"他在信中继续写道："在我看来，您手中的病案材料的确十分宝贵，您的运用又如此卓越，所以让我激动。……您的书令我激动不已，您关于恐惧妄想的描述启发了我，让我一下子理解了我的一位患者，她就表现出这样一种真自己（true self）的投射；我过去未能如此考量；您让我获益甚多……"

莱恩的思想在当时惊世骇俗：疯狂之所以合理，乃因传统精神病学的专政不合理！进一步，追根溯源，传统精神病学只是继发现象，悲剧的第一现场是家庭的"伊甸园"。

翻开《分裂的自我》，以家庭为源头，一系列病案依次展开。莱恩了然于不幸的事实：以爱的名义，家庭中贯穿着权力的争夺与和生命的"绞杀"。所谓"政治"，实在是策源于家庭。学界倾向于这样的认知，以无意识为背景，家庭是神经症的摇篮。一般而言，亲代成员（父或母，以下简称父母）作为"生活的代表"，总会以爱的名义，代表生活，要求子代成员成为父母，而不是成为儿女自己。

另一方面，按荣格的定义，无意识最终是"集体无意识"，既渗透家庭，又超越代际。以此为参照，家庭内部的"我们（强势）”和“他们（弱势）”只是相对的概念。那么，“我们”无法逃遁的拷问，“他们”最终也无法回避。有没有可能，在家庭的“伊甸园”，儿女最终必然伤害父母，一如当初父母必然伤害儿女？进一步，同样以集体无意识为前提，家庭内部的“政治”循环，隐喻了人类“大家庭”的命运：作为他们的“我们（强势）”，作为我们的“他们（弱势）”，也只是相对的概念？

不得不面对的事实是，人类终属同一个命运共同体，别问丧钟为谁而鸣。人类同体大病、大悲，谁也无法置身事外，作壁上观。

鹈鹕版序言说：本书讨论“他们”太多，讨论“我们”太少。我们不应狭隘理解这一反省的深度和广度。作为“反精神病学”与“家庭政治”专家，他的反省是一柄双刃剑，呈现分裂的痛苦。朱莉叶固然令人伤感，然而，她的荒原，某种意义某个程度上也属于莱恩。荒原上，那轮“黑太阳之下意外的儿子”，至少，就其诗性的隐喻，正是莱恩自己。

莱恩的父亲是个电力工程师，他是虔诚的基督徒，在格拉斯哥大学教堂任诗班首席男中音，一生过着洁净的生活。莱恩曾说：“父亲绝无一丝念头为金钱所动。”此话意在与母亲对比。母亲也是新教徒，但与父亲相反：“她毫不掩饰对社会地位的渴望和对父亲的不满意。”两人不顾双方家人反对结了婚，婚后九年，莱恩出生在格拉斯哥，他是父母唯一的孩子。但父母不约而同地声称，他的到来完全出于偶然。就如书中案例朱莉叶。她说，她的出生本不可能，就像太阳从西边出来，纯属意外。一边是圣徒情结的父亲，一边是不满现状的母亲，无意中联手创造了一个“精神分裂因子”家庭。

与此同时，莱恩成长的时代是一个艰难的时代，前有达尔文，后有尼采，以往坚固的信仰传统在动摇；而两次大战的昏天黑地，更使二十世纪的世界满目疮痍。经历时代的莱恩，以先知般的洞察力预见了历史循环的悖谬，他如此描述分裂的痛苦：

> “……我无法理解人类命运为何如此悲哀。……为什么我们生活的世界如此悲惨、残忍、充满暴力。……二战结束，我所认识的人，没有谁相信战争就此结束；无非停下来热热身，摆摆姿势；……不久就会发生另一场战争。
>
> 毒气、细菌战、酷刑、伤残、强奸、抢劫、大屠杀……除了杀戮还是杀戮，炮击、轰炸、海洋战争、粮食短缺、饥荒与瘟疫，连绵不断，眼前也不可能是最后一次，……”

无论莱恩主诉的客观性如何，大致可以认为，他不仅承继了母亲黑眼睛的基因，而且承继了她不满的眼光。一方面是对“失乐园（伊甸园）”的控诉，源自母亲；另一方面是对复活与重生的渴望，源自父亲这边的属灵传承。两者形成了巨大的分裂。

《分裂的自我》暗藏丰富的隐喻和意象，与艾略特的《荒原》遥相呼应。如本书第十一章所见，莱恩于朱莉叶关切之深，倾注诗人的深情，渴望复活的神迹，使之解放于美杜莎目光的咒诅而重生。

三十多年来，参加各类译、校工作凡十五次左右，其中三次为重译或新译。本书为新译，旧译为一九九四年贵州人民出版社出版的《分裂的自我——对健全与疯狂的生存论研究》。本书与旧译有什么区别，请读者明鉴。例一：

“……有些人一生都在呕吐。你能感受他们可怕的饥饿，可他们却藐视你的给予。

最悲惨不过的是：你被给予那幸福地盛满爱意的乳房，可你又知道，接近这乳房会导致你对它的敌意，正如当年你对母亲的乳房一样。它使你产生巨大的罪感，因为，在你能够爱之前，你不得不也感到恨。医生必须表明他能感觉到这敌意，但他能理解它，也不会被它伤害。如果医生将被伤害，那就太可怕了。”

这段文字（见旧译第166页），来自书中的琼女士，一位美国精神分裂患者。新译如下：

有人一生都在呕吐。你能感受他们可怕的饥饿，可是，他们却拒绝你的喂养。

乳房盛满爱，谢天谢地你拥有了这样的乳房，多么幸福；然而你又晓得，就像当年母亲的乳房，接近它的过程中，你会恨它，还有比这更悲惨的事情吗？你或许能爱它，但在此之前，你可能不得不恨它，这冲突会让你产生可怕的罪感。

医生跟乳房的道理类似；所以，医生必须向患者表明他能感到这种恨，但能理解这种恨，也不会被它伤害。如果医生因患者的恨而受伤，事情就太可怕了。

琼女士另外一段话（见旧译第 164 页）：

“如果你实际上只能对我施加压力，那么一切都会给毁了。我会认为你只对我动物性的身体有兴趣，却并不真正关心我身上作为人的部分，这意味着，在我尚不是一个人并正需要大量的帮助让我成长为一个人时，你却把我当成一个女人来使用……”

新译如下：

“如果你只在乎搞我，那就完了。这让我觉得，你只对我的身子感兴趣，根本不关心我还是一个人。作为一个人，我尚未成形，有待成熟，需要大量的帮助让我成长，你却把我只当女人来使用……”

上述第一句，原文是“If you had actually screwed me it would have wrecked everything.”旧译为：“如果你实际上只能对我施加压力，那么一切都会给毁了。”我认为这是硬伤，无法解释为译文风格的差异。此外有必要指出，莱恩是一位“心理学的诗人”，既深刻，又深情。所以，针对这部《分裂的自我》，本书新译采用了若干诗性的意译，偶尔会自由发挥到随心所欲的程度。不过，这样做的目的，恰好是希望帮助读者准确感受这首存在之诗，领略其中丰富的诗意。典型者如“鹈鹕版序言”的处理，其他不再例举。

特别致意龚长征杨文意兄妹、LJH 等几位芳邻，他们各自印证了莱恩的洞察，跟莱恩一道承受生命不可承受之轻、之重、之痛，代言世上“分裂的自我”和“病痛的心灵”。跟莱恩一样，他们也是绝望而悲痛的诗人，惺惺相惜，无法自救，所以盼望，并激励我重译此书。感谢“芳邻”尤天祥从美国遥寄资料。感谢果麦文化编辑出版的努力。谢谢妻子李琪。诚望各界不吝指正。

狄更斯这样描述他的时代：“这是最好的时代，这是最坏的时代。”逝者如斯，不舍昼夜。愿真理之光照进人性的幽暗，进入因时代撞击而四分五裂的家庭，救治“病痛的心灵”，愈合“分裂的自我”。愿软弱有信靠——愿“闪亮的金子”和“海底的珍珠”俯拾皆是。

林和生

于成都百花芳邻

2020 年 2 月 25 日

参考文献

In addition to the works cited in the text, a few more are included for further reading.

*

ARIETI, S. (1955). *Interpretation of Schizophrenia.* New York: Brunner.

*

BATESON, G., JACKSON, D. D., HALEY, J., and WEAKLAND, J. (1956). 'Toward a theory of schizophrenia'. Behav. Sci. 1, 251.

BATESON, G. (ed.) (1961). *Percival's Narrative.* Stanford University Press.

BECKETT, S. (1956). *Waiting for Godot.* London: Faber & Faber.

BINSWANGER, L. (1963). *Being-in-the-world.* New York: Basic Books, Inc.

BOSS, M. (1949). *Meaning and Content of Sexual Perversions.* New York: Grune & Stratton.

BOSS, M. (1957). *Analysis of Dreams.* London: Rider.BRIERLEY, MARJORIE (1951). *Trends in Psycho-Analysis.* London: Hogarth.

BULTMANN, R. (1955). *Essays Philosophical and Theological.* London: SCM Press.

BULTMANN, R. (1956). *Primitive Christianity in its Contemporary Setting.* London: Thames & Hudson.

BULLARD, D. M. (ed.) (1959). *Psychoanalysis and Psychotherapy. Selected Papers of Frieda Fromm-Reichmann.* Chicago: University of Chicago Press.

BYCHOWSKI, G. (1952). *Psychotherapy of Psychosis.* New York: Grune & Stratton.

*

DEUTSCH, H. (1942). 'Some forms of emotional disturbances and their relationship to schizophrenia'. *Psychoanal. Quart.* II, 301, DOOLEY , L. (1941). 'The concept of time in defence of ego integrity'. *Psychiatry* 4,13.

*

FAIRBAIRN, w. R. D. (1952). *Psychoanalytic Studies of the Personality.* London: Tavistock.

FAIRBAIRN, w. R. D. (1954). 'Observations on the nature of hysterical states'. *Brit. J. Med. Psychol.* 27, 105.

FARBER, L. H. (1958). 'The therapeutic despair'. Psychiatry 21, 7.

FEDERN, P. (1955). *Ego Psychology and the Psychoses.* London: Imago.

FREUD, S. (1920). *Beyond the Pleasure Principle.* London: Hogarth, 1950, pp. 12-14.

FROMM-REICHMANN, FRIEDA (1952). 'Some aspects of psycho-analysis and schizophrenics'. In REDLICH, F. C. and BRODY, E. R. (eds.), *Psychotherapy with Schizophrenics*. New York: International Universities Press.

*

GOFFMAN, E. (1961). *Asylums.* New York: Anchor Books.

GUNTRIP, H. (1952). 'A study of Fairbairn's theory of schizoid reactions'. *Brit. J. Med. Psychol.* 25, 86.

*

HAYWARD, M. L. and TAYLOR, J. E. (1956). 'A schizophrenic patient describes the action of intensive psychotherapy'. *Psychiat. Quart.* 30,211.

HEGEL, G. w. F. (1949). *The Phenomenology of Mind.* Trans. Baillie, J. B. London: Allen & Unwin. 2nd ed. rev.

HEIDEGGER, M. (1949). *Existence and Being.* London: Vision Press.

HEIDEGGER, M. (1962). *Being and Time.* London: SCM Press.

HESSE, H. (1964). *Steppenwolf.* London & New York: Holt, Reinhart, & Winston Edition 122 (J. Mileck & H. Frenz, (eds.) Rev. of trans. by B. Creighton).

HILL, L. B. (1955). *Psychotherapeutic Intervention in Schizophrenia.* Chicago: University of Chicago Press.

*

JACKSON, D. D. (1957). 'The question of family homeostasis'. *Psychiat. Quart.* (suppt.)31,79.

JACKSON, D. D. (1957). 'A note on the importance of trauma in the genesis of schizophrenia'. Psychiatry 20, 181.

*

KAPLAN, B. (ed.) (1964). *The Inner World of Mental Illness.* New York: Harper & Row.

KIERKEGAARD, S. (1954). *The Sickness unto Death.* Trans. Lowrie, W. New York: Doubleday.

KLEIN, M. (1946). 'Notes on some schizoid mechanisms'. Int. J. *Psycho-Anal.* 27, 99.

KNIGHT, R. P. (1953). 'Borderline states'. *Bull. Menninger Clinic* 17,1.

KRAEPELIN, E. (1905). *Lectures on Clinical Psychiatry.* 2nd. rev. ed. London: Bailliere, Tindall & Cox.

KUHN, R. (1957). *La Phenomenologie de masque*. Trans. Verdeaux, J. Paris: Desclee de Brouwer.

*

LAING, R. D. (1961). *The Self and Others*. London: Tavistock.

LAING, R. D. and ESTERSON, A. (1964). *Sanity, Madness and the Family. Vol. I. Families of Schizophrenics*. London: Tavistock.

LAING, R. D. and COOPER, D. G. (1964). *Reason and Violence: A Decade of Sartre's Philosophy*, 1950-1960. London: Tavistock.

LIDZ, T. (1958). 'Schizophrenia and the family'. *Psychiatry* 21, 20.

LIDZ, T., CORNELISON, A., TERRY, D., and FLECK, S. (1958). 'The intra-familial environment of the schizophrenic patient: VI The transmission of irrationality'. *A.M.A. Arch. Neur. & Psychiat.* 79, 305.

*

MACMURRA Y , J. (1957). *The Self as Agent*. London: Faber & Faber.

MAY, R., ANGEL, E., and ELLENBERGER, H. F. (eds.) (1958). Existence - *A New Dimension in Psychiatry and Psychology*. New York: Basic Books.

MERLEAU-PONTY, M. (1962). *The Phenomenology of Perception*. London: Routledge & Kegan Paul.

MERLEAU-PONTY , M. (1963). *The Structure of Behaviour*. Boston: Beacon Press.

MINKOWSKI, E. (1927). *La Schizophrenic Paris*: Desclee de Brouwer, 1953.

MINKOWSKI, E. (1933). *Le Temps vecu*. Paris: Artrey, Coll. de l'evolution psychiatrique.

MINKOWSKI, E. (1948). 'Phenomenologie et analyse existentielle en psychiatrie'. Evol. Psychiat. 4, 137.

*

PERRY, J. W. (1953). *The Self in Psychotic Process - its Symbolization in Schizophrenia*. University of California Press.

*

REDLICH, F. c, and BRODY, E. R. (eds.) (1952). Psychotherapy with *Schizophrenics*. New York: International Universities Press.

RUMKE, H. c. (1950). 'Signification de la phenomenologie dans l'etude clinique des delirants'. In Congres Internat. de Psychiatrie, *Psychopathologie des delires*. Paris: Hermann. (French, p. 125; English, p. 174.)

*

SARTRE, J.-P . (1950). *Psychology of Imagination.* London: Rider.

SARTRE, J.-P. (1956). *Being and Nothingness.* Trans. Barnes, H. London: Methuen.

SCHREBER, D. P. (1955). *Memoirs of my Nervous Illness.* Trans. Macalpine, I., and Hunter, R. A. London: Dawson.

SCOTT, C. (1949). 'The "body-scheme" in psychotherapy'. *Brit. J. Med. Psychol.* 22,139.

SEARLES, H. F. (1958). 'Positive feelings in the relationships between the schizophrenic and his mother'. Int. J. Psycho-Anal. 39, 569.

SECHEHAYE, M. A. (1950). *Autobiography of a Schizophrenic Girl*, Trans. Rubin-Rabson, G. New York: Grune & Stratton, 1951.

SECHEHAYE, M. A. (1951). *Symbolic Realization - a New Method of Psychotherapy Applied to a Case of Schizophrenia.* New York: International Universities Press.

SECHEHAYE , M. A. (1956). *A New Psychotherapy in Schizophreni*a, New York: Grune & Stratton.

SEGAL , H. (1954). 'Schizoid mechanisms underlying phobia formation'. *Int. J. Psycho-Anal.* 35, 238.

SONNEMAN, U. (1954). *Existence and Therapy* - an Introduction to *Phenomenological Psychology and Existential Analysis.* New York: Grune & Stratton.

SULLIVAN, H. s. (1962). *Schizophrenia as a Human Process.* New York: W. W. Norton & Co.

*

TILLICH, p. (1944). 'Existential philosophy'. J. Hist. Ideas 5, 44.

TILLICH, p. (1952). *The Courage to Be.* London: Nisbet.

TRILLING, L. (1955). *The Opposing Self.* London: Secker & Warburg.

*

WEIGERT, E. (1949). 'Existentialism and its relations to psychotherapy'. *Psychiatry* 12, 399.

WELLEK, A. (1956). 'The phenomenological and experimental approaches to psychology and characterology'. In David, H. P., and von Bracken, H. (eds.), *Perspectives in Personality Theory.* New York: Basic Books.

WINNICOTT, D. W. (1958). *Collected Papers.* London: Tavistock.

WYNNE, L. C, RYCKOFF, I. M., DAY, J., and HIRSCH, S. (1958). 'Pseudo mutuality in the family relations of schizophrenics'. *Psychiatry* 21, 204.

索引

「索引中的页码为原书页码，即本书边码」

C

D

E

F

G

H

I

L

N

O

P

R

S

T

U

V

W

Y

案例索引

分裂的自我

作者 _ [英] R. D. 莱恩　译者 _ 林和生

编辑 _ 赵凌云　装帧设计 _ 林林　主管 _ 邵蕊蕊

技术编辑 _ 丁占旭　执行印制 _ 刘淼　出品人 _ 李静

果麦

www.goldmye.com

以 微 小 的 力 量 推 动 文 明

图书在版编目（CIP）数据

分裂的自我 / (英) R.D.莱恩著 ; 林和生译. -- 北京 : 北京联合出版公司, 2022.4（2026.3重印）
ISBN 978-7-5596-5867-8

Ⅰ. ①分… Ⅱ. ①R… ②林… Ⅲ. ①精神分析 Ⅳ. ①B841

中国版本图书馆CIP数据核字(2022)第011688号

The Divided Self: An Existential Study in Sanity and Madness
by
R. D. Laing

Copyright © RD Laing Estate 2018
北京市版权局著作权合同登记　图字：01-2021-5532

分裂的自我

作　　者：［英］R.D.莱恩
译　　者：林和生
出 品 人：赵红仕
责任编辑：徐　鹏

北京联合出版公司出版
（北京市西城区德外大街83号楼9层　100088）
北京世纪恒宇印刷有限公司印刷　新华书店经销
字数185千字　880毫米 × 1230毫米　1/32　9印张
2022年4月第1版　2026年3月第2次印刷
ISBN 978-7-5596-5867-8
定价：55.00元

版权所有　侵权必究
未经书面许可，不得以任何方式转载、复制、翻印本书部分或全部内容。
本书若有质量问题，请与本公司图书销售中心联系调换。电话：021-64386496